顾及权重信息的
地图点群目标自动综合

禄小敏 著

電子工業出版社
Publishing House of Electronics Industry
北京 • BEIJING

内 容 简 介

本书将地图空间点群作为研究对象，研究了不同类型点群的权重信息计算与表达，提出了基于权重信息的点群综合方法。对于语义信息较为丰富的点群，提出了基于影响范围和影响人群的点群选取方法；对于无法求解其影响范围和影响人群的点群，提出了一种基于网络加权Voronoi 图的点群选取方法，在点群选取过程中顾及了相关联道路网的属性信息；对于语义信息匮乏的点群，提出了一种外部轮廓约束下基于 Voronoi 图的内部点化简方法，顾及了点群几何及拓扑信息的保持。该研究丰富了地图制图综合理论，为地图制图综合及相关领域研究提供了借鉴和支持。

本书适合地理、地图、规划等领域从事地理空间多尺度研究的广大研究人员和技术工作者阅读参考，也可作为相关专业研究生的参考用书。

图书在版编目（CIP）数据

顾及权重信息的地图点群目标自动综合/禄小敏著. —北京：电子工业出版社，2021.5

ISBN 978-7-121-41156-4

Ⅰ.①顾…　Ⅱ.①禄…　Ⅲ.①地图编绘－研究　Ⅳ.①P283

中国版本图书馆 CIP 数据核字（2021）第 087884 号

责任编辑：谭海平　文字编辑：袁　月
印　　刷：北京虎彩文化传播有限公司
装　　订：北京虎彩文化传播有限公司
出版发行：电子工业出版社
　　　　　北京市海淀区万寿路 173 信箱　　邮编：100036
开　　本：720×1000　1/16　印张：6.75　字数：140 千字
版　　次：2021 年 5 月第 1 版
印　　次：2021 年 5 月第 1 次印刷
定　　价：69.00 元

凡所购买电子工业出版社图书有缺损问题，请向购买书店调换。若书店售缺，请与本社发行部联系，联系及邮购电话：（010）88254888，88258888。

质量投诉请发邮件至 zlts@phei.com.cn，盗版侵权举报请发邮件至 dbqq@phei.com.cn。

本书咨询和投稿联系方式：yuany@phei.com.cn，（010）88254553。

前　言

地图上的许多地物呈点群状分布。当地图比例尺缩小时，点状符号之间会出现相互堆叠、覆盖等情形。为了保持地图的清晰度、层次特征与美观性，需要对点群进行综合。点群综合是从原始点群中抽取一定数量相对重要的点而删除相对次要的点的过程。点的权重反映了单个点在点群整体中的重要程度。可见，点的权重信息在点群综合过程中起着非常关键的作用。

按照点群综合过程中对权重信息的顾及情况，可以将已有的点群综合算法分为两大类，其中一类算法在点群综合过程中没有顾及权重信息，另一类算法在综合过程中虽然顾及了权重信息，但仍然存在点群权重设定不够合理、综合结果缺乏现势参考价值及没有顾及道路网在点群综合中的制约与影响作用等问题。

为此，本书在对点群权重信息进行科学分析与计算的基础上，借助相关数据获取技术及脉冲耦合神经网络、网络加权 Voronoi 图、Delaunay 三角剖分等理论，系统研究了顾及权重的点群综合方法。

首先，为了让权重信息尽可能全面、真实地反映点在点群中的重要程度，进而更好地指导点群综合，算法结合点群属性特征，研究了点群权重影响因子并计算了点群权重。

其次，将点群的影响范围与影响人群数量作为点群权重衡量依据，利用相关数据获取与处理技术实现了点群影响范围与影响人群的计算与表达，提出了影响范围及影响人群数量共同作用下的高现势性点群综合算法，弥补了已有方法中点群权重设置不够科学合理、现势性不足及没有顾及影响人群对点群权重的影响等缺陷。

再次，为了在点群综合过程中顾及道路网对点群的约束与影响作用，引入了网络加权 Voronoi 图的概念。基于脉冲耦合神经网络的并发性及自动波发放原理，在改进脉冲耦合神经网络的基础上实现了网络加权 Voronoi 图的构建，为进一步的点群综合及相关领域研究提供了技术参考。以网络加权 Voronoi 图为基础，利用带约束的 Delaunay 三角剖分及动态阈值“剥皮法”实现了点群网络 Voronoi 多边形的构建。将网络 Voronoi 多边形面积及多边形内部道路段总长度作为点群权重的衡量依据，实现了顾及相关联的道路网属性信息的点群综合，弥补了已有算法没有顾及道路网对点群权重影响作用的不足。

最后，对于无法度量其权重信息的点群，算法选择最大限度地保持其几何结构及拓扑特征。利用 Delaunay 三角剖分、动态阈值“剥皮”法实现了点群外部轮廓点的提取，在此基础上利用 Douglas-Peucker 算法及外部轮廓约束下的内部点 Voronoi 图分别实现了外部轮廓点及内部点的取舍，在继承已有算法对点群外部轮廓及内部密度保持方面优势的同时，弥补了已有算法将轮廓点与内部点独立化简的不足，克服了对其相互之间的影响与制约作用顾及较少的缺陷。

受数据获取难度及隐私性等的限制，算法中用于研究点群影响范围与影响人群的新浪微博签到数据不够全面，无法准确地反映点群的到访人群及其辐射范围。随着大数据获取及处理技术的进一步发展，数据隐私保护及共享性机制的进一步完善，更加精确可靠的大数据的引入必然使得算法更加具有实时参考价值。

本书的出版得到了国家自然基金（41930101，41801395）的资助。感谢兰州交通大学闫浩文教授、王中辉副教授、李小军副教授对本书给予的指导及王卓、王杭宇等研究生的支持，在此谨向他们表示诚挚的感谢。

由于学识和眼界有限，疏漏之处在所难免，敬请读者批评指正。

禄小敏

2020 年 12 月于兰州

目　录

第1章　绪　　论

地图是按照一定的数学规则，通过概括与综合将三维球面上的地物信息以可视化的形式表达到二维平面上所形成的图像，它是人类认知周围世界的结果，也是人类进一步认识世界的工具。地图图幅上表示的距离与实际距离的比值称为比例尺，它反映了地图对实际地物的缩小程度，为了在比例尺缩小的过程中，保持地图表达的清晰度、层次性与美观性，需要对原始比例尺地图上的空间地物进行化简和概括，这个概括和化简的过程称为地图综合。地图综合是伴随着地图的出现而产生，并伴随着地图的发展而不断发展的（王家耀等，2011；武芳，2017）。

1.1　选题背景及研究意义

人类生存空间中可以直接或间接影响人类生活和发展的各种自然因素称为环境，它是人类赖以生存和发展的基础。其中，地理环境是一定社会所处的地理位置及与此相联系的各种自然条件的总和，自然地理各要素都具有各自的空间分布规律，即地域性。要表达各种地理要素的分布特征和规律性，仅仅依靠文字语言很难全面、准确地描述，为此必须借助地图来实现其直观表达（陈新建，1989）。

地图是将地理环境中诸多要素利用一定的数学法则和地图综合形式，借助可视化、数字或可触摸的符号缩绘而成的一种二维图形（马耀峰等，2004）。它的基础是地理环境，用到的手段是地图综合。因为将地理环境中繁多的空间要素全部显示在有限图幅的地图上是不可能的，并且随着地图比例尺的缩小，有限图幅上的要素难免会出现堆叠及相互覆盖的情形，此时，就需要对要表达在地图上的事物进行选择、简化、聚合，对空间数据对象进行抽象概括，即地图综合。

地图综合是空间数据尺度变换、集成与融合、分析与挖掘等的基本手段之一（Yan and Weibel, 2008）。自20世纪中叶以来，地图综合一直是地图制图研究的重点内容，旨在当地图比例尺缩小时，让地图上保留下来的元素能够尽可能传输制图区域的各类信息（Bereuter and Weibel, 2010）。地图综合本质上是一项复杂的人脑简化和抽象的过程，因其复杂性及解决的困难性，它一直都是地图学中最具挑战性和创新性的研究领域（武芳等，2017）。

在地图表达中，有一类空间地物，它们距离相近、形状相似、语义相近，这样的一个视觉整体称为群组。按照群组要素的属性信息，可以将群组划分为点群、线网（簇）及面群。其中，点群（见图 1.1）是地图要素的重要分布形式，视觉上是呈离散分布的，但从人类感知角度来看，点群呈现为一个具有一定分布形态和排列方式的整体。如控制点群、小比例尺地图上的居民地、医院、学校、密集分布的岛屿群等都是以点群形式存在的。地图综合主要是面向空间群组目标的，按照综合对象属性，可以将地图综合划分为三大类：（1）点群综合，包括点群的选取、聚合、典型化及移位等过程，但点群综合主要是通过“选取”算子实现的。（2）线网（簇）综合，包括线网（簇）的化简与选取。（3）面群综合，在大比例尺地图中，面群综合表现为面群的化简、聚合、移位等；而在小比例尺地图中，面群状地物通常表现为空间点群，此时，其综合大多情况下为点群综合（武芳等，2017）。

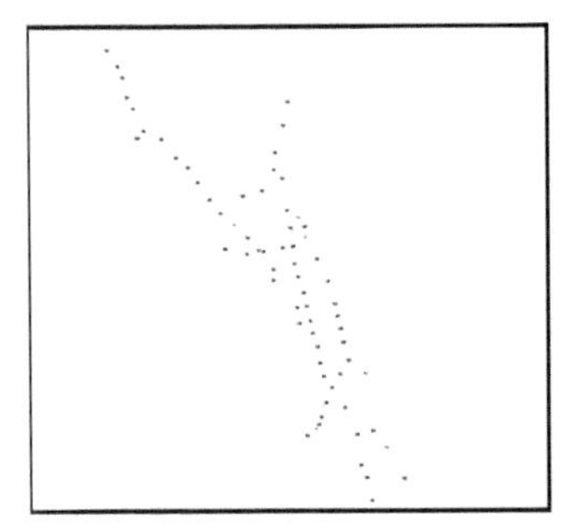

(a) 1:5 万比例尺地图上某地 GPS 控制点分布图　　(b) 1:5 万比例尺地图上大连市某区域部分科研教育机构

图 1.1　点群

点群综合是地图综合的重要组成部分。当地图比例尺进一步缩小时，以点群状形式存在的地物会出现互相覆盖、堆叠等现象，如图 1.2 中的地图比例尺由 1∶5 万缩小到 1∶10 万进而到 1∶25 万的过程中，地图上以点群形式存在的加油站出现了不同程度的拥挤与覆盖情况，在这种情形下，为了保持地图清晰、层次分明及美观的表达效果，需要对点群进行综合，它是在对空间地物进行重要性评价及分布特征分析的基础上，按照综合前后比例尺及综合后地图负载量计算选取数量并对相应地物进行判断取舍的过程。

权重信息体现了个体在整体中的重要程度，是点群综合的重要依据。但按照算法对权重信息的顾及程度可以将现有的点群综合算法分为两类。一类算法在综合过程中没有顾及权重信息，即没有考虑点的属性特征，忽视了点群中点的重要程度之分；另一类算法虽然顾及了权重信息，但缺乏对点群权重衡量因子的综合分析与计算，没有顾及道路网对点群的影响与约束作用，也较少考虑点群权重会随着事物发展变化而变化的可能性。以上不足导致现有的点群综合算法的合理性、贴合现实性及现势性均有待提高。

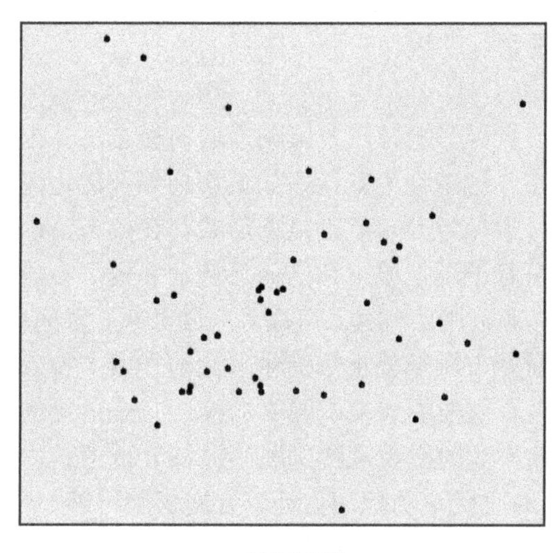
(a) 1∶5 万

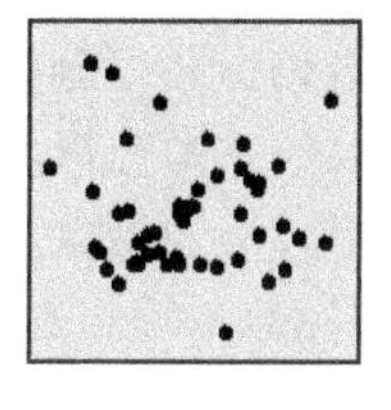
(b) 1∶10 万

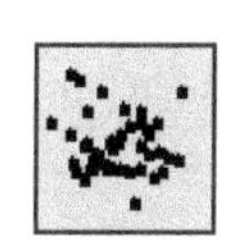
(c) 1∶25 万

图 1.2　不同比例尺地图上某地加油站

因此，本书在系统研究点群权重表达与计算的基础上，对顾及权重信息的点群综合算法进行了研究，分别提出了顾及点群影响范围与影响人群的高现势性点群综合方法、顾及点群及相关联道路网属性信息的点群综合算法及顾及几何结构特征保持的点群综合方法。

研究顾及权重信息的点群自动综合，其意义主要包括以下 4 个方面。

1．完善地图综合理论

在地图综合研究领域中，关于道路网选取的研究一直都是地图综合的研究热点（McMaster，1987；何海威，2015），研究成果丰硕。而对于点群选取的研究较少且相对比较陈旧，同时，这些算法大多没有有效顾及点群及相关联道路网的权重信息。在数据获取与处理技术及各种智能算法快速发展的条件下，根据点群及其关联道路网的语义等属性信息科学地计算点群权重信息，并在此基础上构建点群综合模型已成为可能。顾及权重信息的点群综合算法的提出对进一步完善和丰富地图综合理论，具有重要的理论意义与现实意义。

2．丰富点群的语义信息

点群权重的科学计算需要系统研究点群相关的属性信息，这不仅使得点群的权重计算更加全面合理，而且丰富了点群的相关语义信息，也为后续的点群选取及其他相关领域的研究提供了有力依据和重要参考。例如，点群影响范围与影响人群的提出与计算为点群提供了重要的语义信息，也为点群的综合提供了有效的理论支撑与依据；同时，将与点群密切相关同时对点群起重要影响与约束作用的道路网纳入点群重要性判断过程，无疑为点群增添了更多有意义的语义信息。例如，可以将这些信息引入兴趣点（Point of Interest，POI）辐射范围的界定、商业区影响范围的研究与新型商业区的规划等领域。

3. 为其他领域相关研究提供理论支持

在点群权重确定过程中，引入了点群影响范围及影响人群的概念，并提出了点群网络加权 Voronoi 图的构建方法。这些均为其他诸如城市规划及优化选址等相关领域的研究提供了理论支持与科学参考。它们为点群形式存在的人造地物重要性分析提供了支持，其合理的界定对于制定城市和区域经济发展规划有着重要的基础理论作用（王新生，2000）。影响范围的构建，可以为空间分析、空间优化、空间选址、空间规划、路径分析及商业市场域分析等提供理论与技术支持，同时对提高地理信息系统空间分析能力也有重要的意义；网络加权 Voronoi 图的构建也可以为犯罪分析、交通拥堵及交通事故的波及范围判断等提供分析工具。

4. 与高现势性数据等结合，为新时代下的地图自动综合提供新思路

随着数据获取及处理技术的快速发展，各个领域都在思考与大数据的结合问题，以期得到更加实时、准确、真实的指导性结论。在这个过程中，传统的地图综合也面临着巨大挑战，结合大数据技术获取准实时的、更加贴近现实的地图综合结果是时代背景下的挑战与要求。在大数据背景下，研究尝试将准实时数据运用到点群权重的计算过程中，以期得到更具现势性的权重信息及综合结果，这也为新时代背景下的地图综合提供了新思路，可以将其思想引申到地图综合的其他领域，例如，道路网的选取过程中可以引入更能反映道路网特征的交通流信息及与道路网密切相关的 POI 信息，进行高现势性的更注重道路网实际运输及服务功能的选取；同样，在居民地选取过程中，也可以根据手机信令、夜间灯光等高现势性数据为居民地增加更加丰富、贴近实际的语义信息，在此基础上进行选取可使得综合结果更加科学、合理且具有现势指导意义。所以本书在对高现势性的点群综合进行探索的同时，也为大数据环境下更具实时参考价值的地图综合提供了新思路。

1.2 研究进展

1.2.1 地图综合研究现状

从 1921 年 Eckert 首次提出地图综合的概念，至今已有一个世纪的发展历程，地图综合经历了由主观过程到客观科学制图、由定性描述到定量表达、由面向单个地物的化简综合到大比例尺复杂群组目标综合、由孤立的模型算法到整体控制等一系列过程。国内外大批学者针对地图综合开展了大量研究，取得了丰硕的研究成果，对推动地图综合的进步作出了重大贡献。这个过程大致分为 3 个阶段：20 世纪六七十年代；20 世纪 80 年代；20 世纪 90 年代至今。

1．以单个地物化简为目标的地图综合阶段（20 世纪六七十年代）

20 世纪六七十年代的地图综合主要是针对单个地物及目标的化简，综合过程不考虑地图整体的形态及周边地物互相间的影响，研究目的主要集中于线状要素的测量与化简方面，Douglas-Peucker 算法（Douglas and Peucker, 1973）是最具代表性的算法之一。

此阶段的地图综合缺陷显而易见：（1）当时的地图综合仅仅停留在中、小比例尺尺度范围内，较少涉及大比例尺复杂地图的综合研究。（2）地图综合仅仅针对单个对象进行化简，综合程度不够，没有顾及地物要素之间的各种联系。

2．初步迈入智能化的地图综合阶段（20 世纪 80 年代）

之所以将 20 世纪 80 年代看成地图综合历史上的第二个重要阶段，是因为从这个时期开始，专家提出将“智能”的思想引入地图综合，尝试将人工智能（Artificial Intelligence，AI）甚至专家系统（Expert System，ES）与地图综合相结合，实现地图综合的智能化，实现了地图综合的跨越式进步，也为之后的地图自动综合奠定了良好的基础。其中，Shea（1991）将地图综合知识用规则和参数表的方式进行表达（Shea，1991）；David（1995）设计的 Map Designer 就是一种基于专家系统的地图综合软件。

3．地图综合全面发展阶段（20 世纪 90 年代至今）

自 20 世纪 90 年代以来，随着计算机及人工智能等技术的不断进步，地图综合也飞速发展。交互式的地图综合系统逐步启动，各种地图综合专业组织机构纷纷组建，如国际制图学会（International Cartographic Association, ICA）制图综合工作组、欧洲科学基金会 GISDATA、美国国家地理信息与分析中心等，致力于地图综合的专业性及全面性发展与协调。

计算机网络的发展与普及推动了地图制图综合的进一步发展，将研究侧重点转向了特殊空间数据结构及算法、面向对象的编程等方面（程博艳，2014）。

国内的地图综合研究起步稍晚，最初的研究对象也是单个目标，主要侧重于综合模型和方法的研究。自 20 世纪 80 年代中期以来，研究对象转为空间群组目标，并对其开展了一系列基于小波变换、分形、神经网络、专家系统及其他智能算法的研究，取得了较为丰硕的成果。

1.2.2 点群综合研究现状

按照点群选取过程中对权重信息的顾及程度，可以将已有的综合算法分为两大类：第 1 类算法在点群选取过程中主要顾及了原始点群空间分布特征（密度、几何分布等）与拓扑特征的保持，如基于凸壳的点群化简算法等；第 2 类算法在保持空间分布特征的同时，顾及了点群权重信息，旨在综合过程中，尽可能地保留比较重要的点而舍去相对次要的点，如按照居民地人口数量决定居民地取舍的算法等。下面分别就两类综合算法的研究现状展开论述。

1．第 1 类综合算法：顾及点群空间分布与拓扑特征保持的算法

此类算法根据点群的邻近性、密度、轮廓等几何属性，从初始点群中选取子集，旨在最大限度地保持原始点群的几何结构与拓扑特征。主要包括如下算法。

（1）基于凸壳的点群化简算法

基于凸壳的点群化简（毋河海，1997）的基本原理如下：首先，构建点集的多层嵌套凸壳，形成点集的多层多边形嵌套；其次，对多层凸壳进行合并，综合后的凸壳层数依据公式 $H_2 = C_1 H_1 \left(M_1/M_2\right)^{1/2}$（其中，$H_1$、$H_2$ 分别为合并前后的凸壳层数，M_1、M_2 分别为综合前后的比例尺分母，C_1 为常数）计算得出；最后，利用曲线综合算法中的最短距离法对多边形顶点进行取舍以达到点群化简的目的。基于凸壳的简化过程示意图如图 1.3 所示。

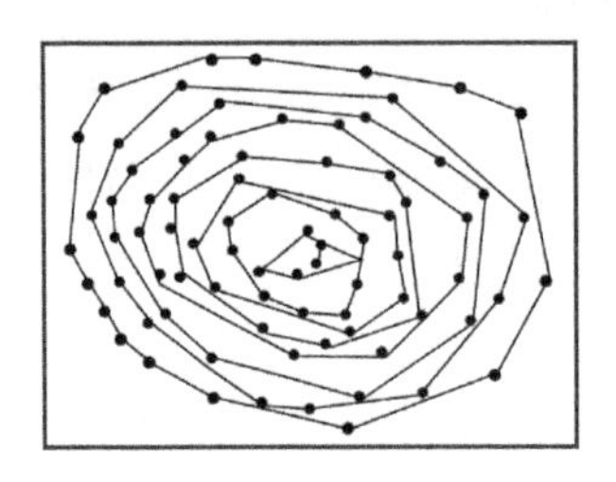
(a) 点群原始凸壳数为 9

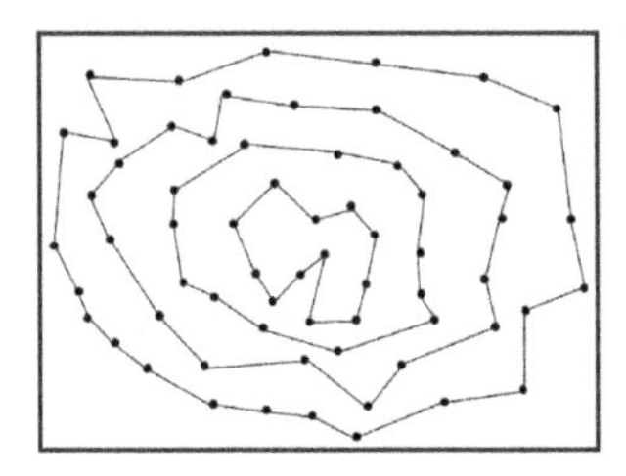
(b) 合并为 4 层互不相交的多边形

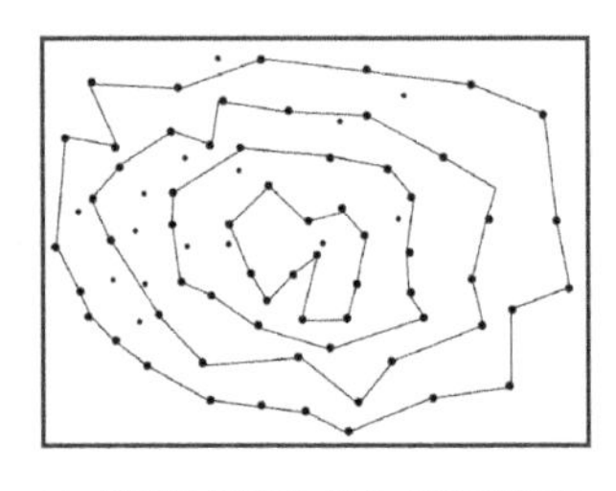
(c) 用平均距离作综合多边形顶点

图 1.3　基于凸壳的简化过程示意图

算法利用凸壳多层嵌套和线要素化简较好地保持了原始点群的轮廓信息和分布特征。

（2）保持空间分布特征的点群化简算法

艾廷华等（2002）将点群外部轮廓点与内部点分离，在此基础上利用 Voronoi 图等技术实现了旨在保持其空间分布特征的点群化简算法。对于外部轮廓点，寻找其关键点（与相邻前后两点连线的垂直距离大于阈值）并将其保留，在此基础上利用蒙特卡罗方法对剩余边界点进行随机提取；对于内部点，依据 Voronoi 多边形面积，将最密集处的点删除，同时固化其邻居点，保证相邻的点不会同时被删除，尽可能保持内部点群分布特征，如图 1.4 所示。

算法采用外部轮廓点和内部点分别化简的方法，较好地保持了原始点群的空间分布和几何特征。

（3）基于遗传算法的点群选取算法

为了尽可能地保持原始点群的分布特征与内部排列规则，邓红艳等（2003）提出了基于遗传算法的点群选取方法。首先，利用自适应分类方法，将点群按照

密度分为若干子点群，按照每个子点群中点的数目与要保留的点的总数，计算每个子群中要保留的点数，最后，利用凸壳算法和遗传算法对点进行选取。

算法在点群选取过程中最大可能地保持了原始点群的局部分布密度、分布范围及排列规则。

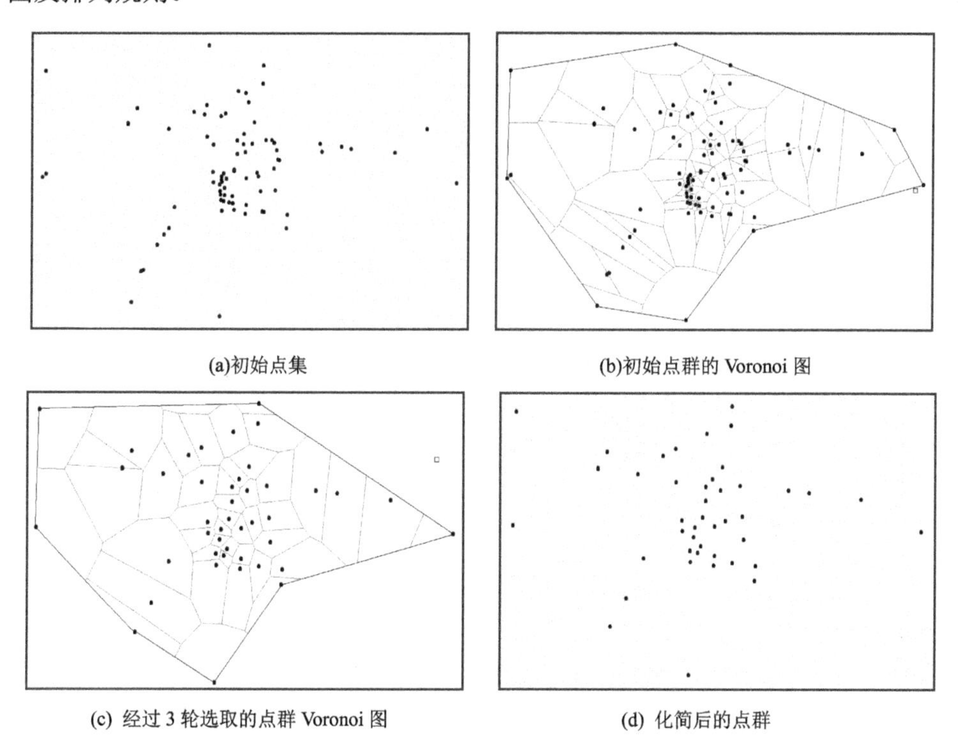

(a)初始点集　(b)初始点群的 Voronoi 图

(c) 经过 3 轮选取的点群 Voronoi 图　(d) 化简后的点群

图 1.4　保持空间分布特征的群点化简算法示意图

（4）点地图化简算法（de Berg et al., 2004）

启发逼近思想被提出并运用到了点地图化简过程中。算法首先构建点群的初始集合，其次为 ε 逼近过程，ε 为评估化简结果质量的量化指标，不断用迭代和聚类的方法对结果进行改良，直到满足 ε 为止。

算法采用聚类算法最大范围地保持了原始点群的聚类轮廓和聚类数目，但由于算法中起始点的选取是随机的，所以该算法无法较好地保留点群的原始结构特征。

（5）基于 Circle 特征变换的点群选取算法

钱海忠等（2005）提出了基于 Circle 特征变换的点群选取算法，如图 1.5 所示，并于 2006 年提出了改进算法（钱海忠等，2006）。算法基本思路为：首先，对点群区域求其空域中心点；其次，以区域中心点为原点，构建高斯坐标系，计算每个点与原点的特征距离（$d_i = \sqrt{(x_i - x)^2 + (y_i - y)^2}$）与特征角度（$A_i = a\tan((y_i - y_{n+1})/(x_i - x_{n+1}))$）；之后，将点群目标由坐标空间转换到 Circle 特征空间下；最后，对特征空间中的点进行聚类和化简操作。

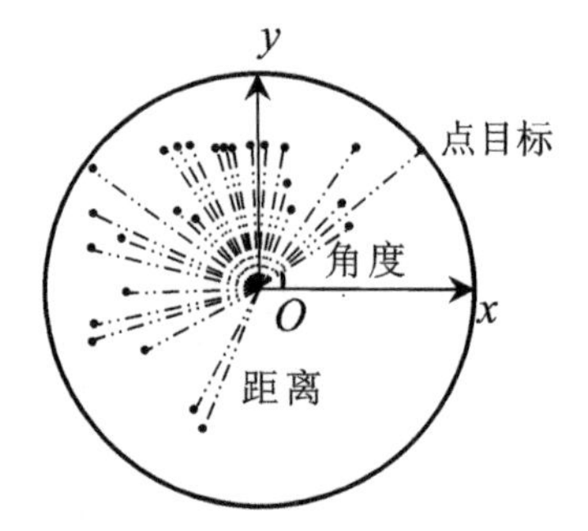

(a) 坐标系中计算点目标的角度与距离

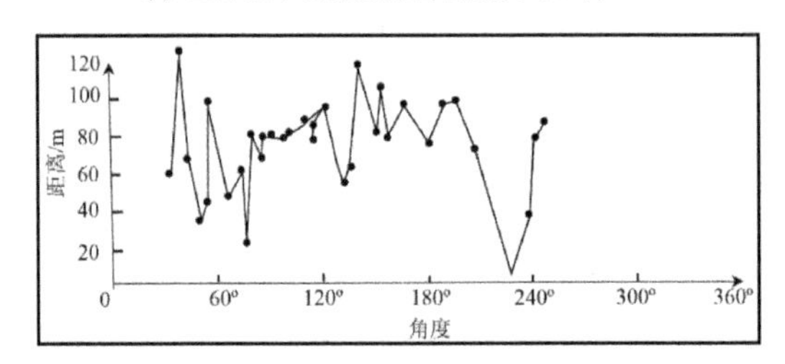

(b) 数据在 Circle 空间中的表示

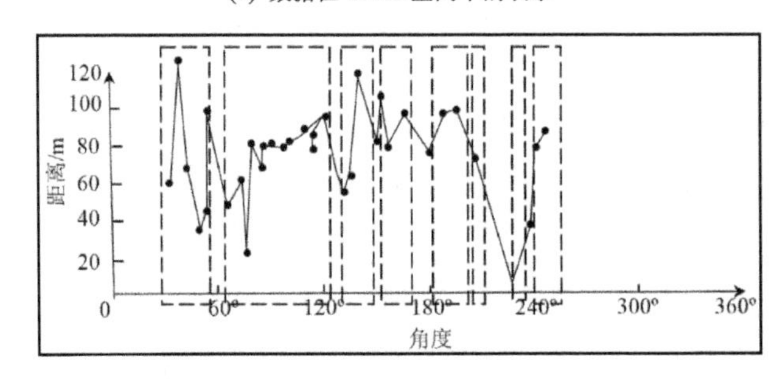

(c) 基 4E8E 角度的点群空间聚类

图 1.5　基于 Circle 特征变换的点群选取算法示意图

算法利用先求取点群空域中心点、后聚类的方法保持了原始点群的分布中心、分布范围及聚类特征。

（6）基于 Kohonen 网络的点群综合算法（蔡永香等，2008）

该算法先构建点群的外部轮廓多边形，将点群分为外部轮廓点与内部点两大类，并分别对其进行选取。对于外部轮廓点，采用 Douglas-Peucker 算法进行化简；对于内部点，采用 Kohonen 网络进行特征映射。设置外部轮廓点与内部点的删除比例相同，删除操作之后二者的并集即为化简后的点群。

该算法通过对外部轮廓点与内部点分别化简，再将化简结果结合的方式，保持了原始点群的相对密度、分布形态及内部纹理结构。

（7）基于 Voronoi 图的点群选取算法（Yan et al., 2008）

算法首先构造点群的虚拟边界，提取虚拟边界点与原始点群构成新点集；之后，构造新点集的 Voronoi 图，获取原始点的相对区域密度；最后，根据点的相对密度和邻近性原则决定点的取舍，直到保留点的数目小于等于根据基本选取法则（Topfer F, 1966）计算得到的保留点数（Yan and Weibel, 2008），如图 1.6 所示。

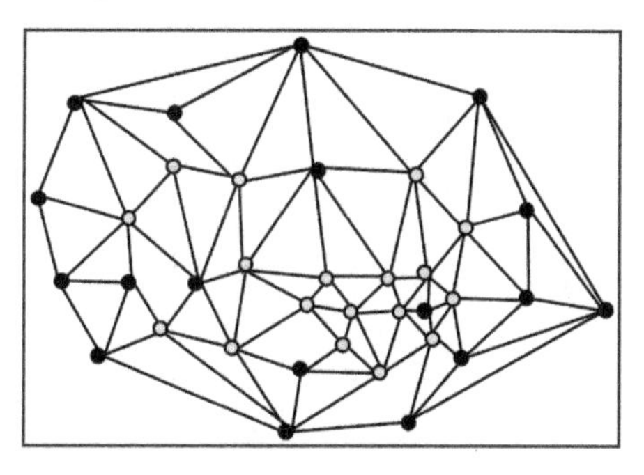

(a) 新点集的三角剖分

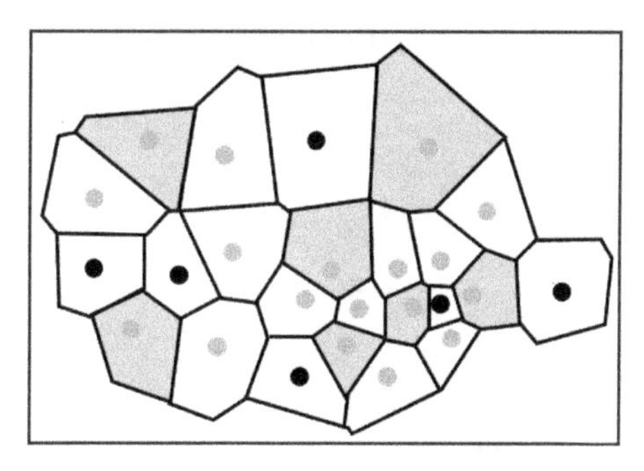

(b) 第 1 次迭代删除（灰色点为删除的点）

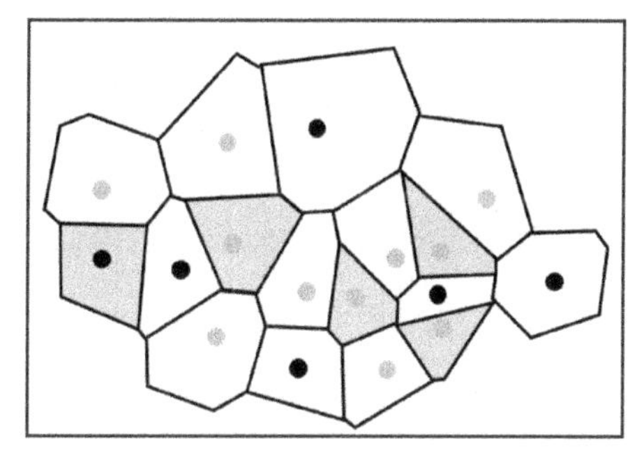

(c) 第 2 次迭代删除

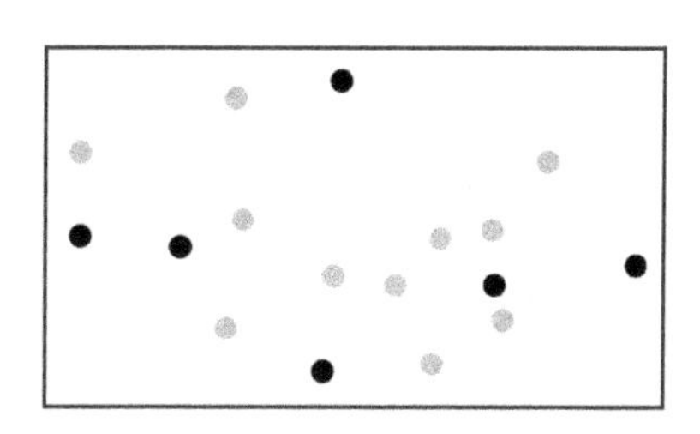

(d) 综合后的点群

图 1.6　基于 Voronoi 图的点群选取算法

算法利用 Voronoi 图在空间分析与计算中的优势，较好地保持了原始点群的空间分布及拓扑关系特征。

综上所述，第 1 类点群综合算法各有侧重地顾及了点群几何结构、分布密度、分布范围及拓扑特征等的保持，但共同点是在点群综合过程中没有顾及点的属性特征，而将点群中的所有点视为没有重要性区分的个体。

2．第 2 类综合算法：顾及权重的点群选取算法

此类算法顾及了点群等级等权重信息在点群选取中的重要作用，在此基础上，

各有侧重地顾及了点群几何分布特征的保持，主要包括以下算法。

（1）居民地空间比率算法（Langran and Poicker, 1986）

该算法将居民地视为一个点要素，以其为圆心以$R_i = \dfrac{C}{w_i}$为半径画圆，其中，C为一个常量，w_i为i点的权重。选取过程中，现将点按照其权重值由大到小排序，再逐点判断，若先前选取的任一点都不在当前圆内，则对其进行选取（Langran and Poicker, 1986），由图1.7可以看出，孤立的权重值较小的点被选取，而距离权重值较大的点较近的权重值次大点被删除。C的取值决定了算法中保留点的个数，C值越大，被保留的点数越少，反之则越多。

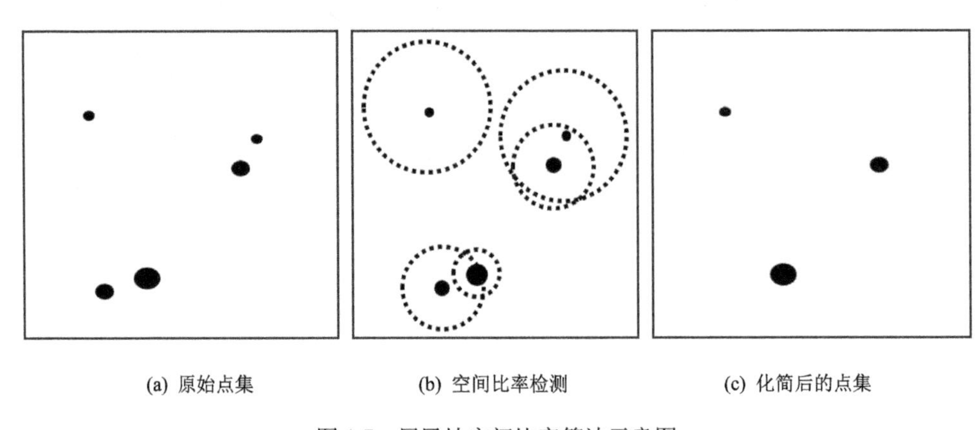

图1.7 居民地空间比率算法示意图

算法根据居民地属性对居民地赋以权值，作为衡量点的重要程度的指标，使得较为重要的点被保留的概率较大。选取过程中保持了点的邻近关系和密度。但点的取舍受其局部分布密度及其邻近点权重值的影响较大。

（2）重力模型算法（Langran et al., 1986）

该算法首先根据居民地权重值与居民地之间的距离计算其重要性和影响力。重要性$I_i = C \times w_i$，其中，C为一常量，w_i为点i的权重值；影响力$P_{ij} = \dfrac{w_j}{d_{ij}}$，其中，$P_{ij}$为点$j$对点$i$的影响力，$w_j$为点$j$的权重值，$d_{ij}$为点$i$到点$j$的距离。点群化简时，先对点群按照其权重进行降序排序，再依次判断点，如果当前点的重要性大于其他居民地对其影响力之和，则选取该点，否则，删除该点。该算法中C取值越大，被保留的点数越多，否则，被保留的点数越少，可以根据需求调节C值的大小（于艳平，2012）。

算法通过计算已选取点群对当前点的影响力来决定点的取舍，而影响力由点的权重决定，算法顾及了点的权重信息，保持了原始点群的分布密度特征。

（3）分布系数算法（Langran et al., 1986）

分布系数算法中引入了“最邻近指数”的概念，最邻近指数 $E=\frac{\text{Avg}_i}{\text{Avg}_{E_i}}$，其中 Avg_i 为 i 点与其邻近所有点的实际距离平均值；Avg_{E_i} 为 i 点与其邻近所有点的期望平均距离。点群化简时，首先对点群依据其权重值进行降序排序，依次判断加入当前点是否会减小当前最邻近指数 E，若是，则删除该点，否则选取该点。被保留的点数由 E 与 E_i 共同决定，其乘积越大，被保留的点数越多，反之则保留的点数越少（郭立帅，2013）。

算法中点的选取从权重值较大的点开始，若新加入的点不会使当前最邻近指数 E 减小，则对其进行保留，否则将其删除，使得权重值较大的点更有可能在此过程中被保留下来。

（4）圆增长算法（Van Kreveld et al., 1995）

圆增长算法中，将点群视为以原始点群为圆心、以 $R_i = Cw_i$（其中 C 为一常量，w_i 为点的权重）为半径的圆，圆的大小与点的权重成正比，且 C 的初始取值要保证任意圆之间不能交叠。在点的化简过程中，C 值逐渐增大，点群对应的圆同时增大，直到有的圆被其他圆所包含，则第一次增大结束，将被包含的圆对应的点删除；重复此过程直到只剩下一个点，此时便得到了点群选取的队列。圆增长算法示意图如图 1.8 所示。

算法中，圆的大小与点的权重成正比，权重值越大的点对应的圆越大，在圆增长过程中，其被其他圆包含的可能性便越小，以此保证权重值较大的点在点群化简过程中被保留的概率较大。

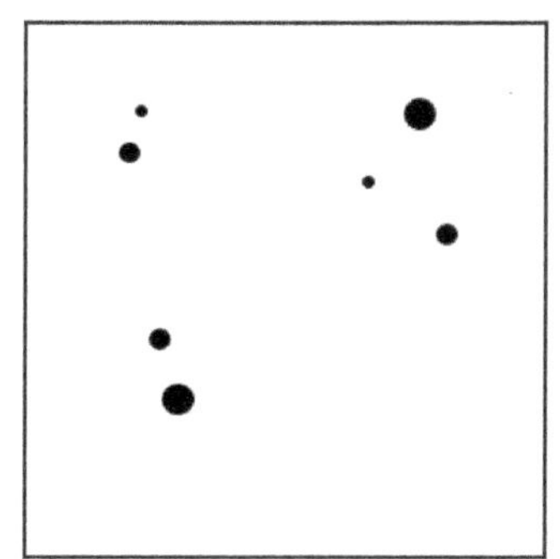

(a) 原始点群

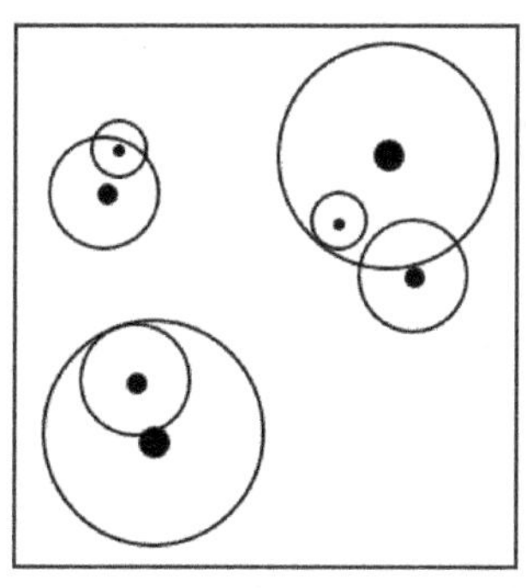

(b) 第 1 次圆增长

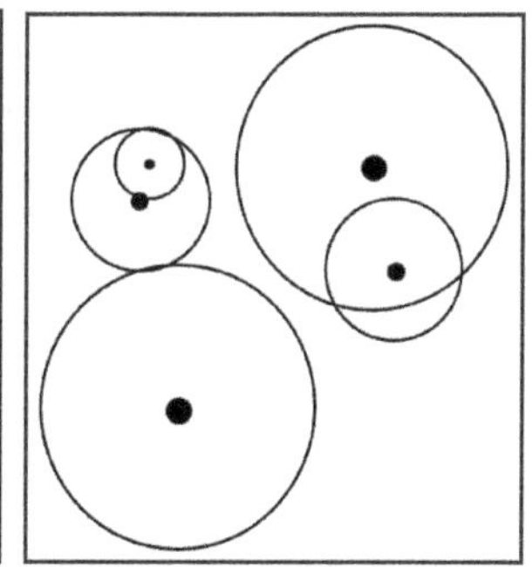

(c) 第 2 次圆增长

图 1.8　圆增长算法示意图

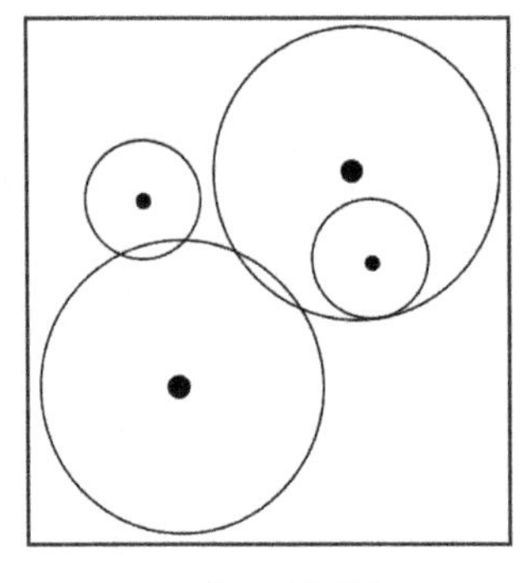

(d) 第 3 次圆增长

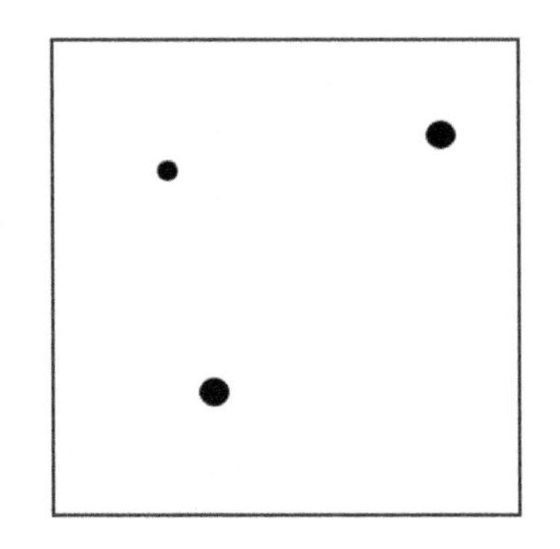

(e) 简化结果

图 1.8　圆增长算法示意图（续）

（5）基于圆增长特征的点状要素选取算法（高三营等，2008）

基于圆增长特征的点状要素选取算法示意图如图 1.9 所示，算法对圆增长算法进行改进，根据点及其周围点的重要程度的比较确定点的删除与保留。

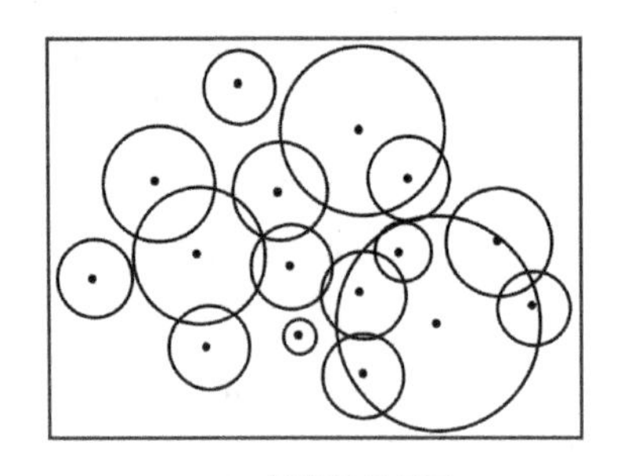

(a) 圆增长示意图

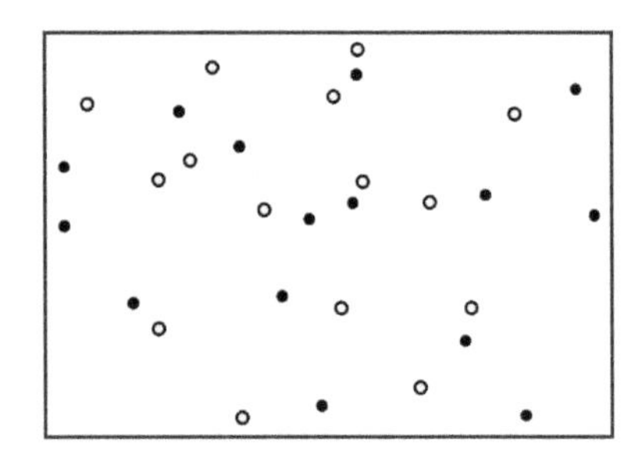

(b) 点群选取（黑色点为保留点，白色点为删除点）

图 1.9　基于圆增长特征的点状要素选取算法示意图

该算法与圆增长算法类似，通过比较一个点与其周围点的重要程度来决定点在点群化简过程中是否被保留。因此，算法中点的取舍受其周围点重要程度的影响很大。

（6）基于加权 Voronoi 图的点群选取算法（Yan et al., 2013）

与基于 Voronoi 图的点群选取算法类似，该算法仍然先构建点群虚拟点，虚拟点与原始点群共同构成新点群；之后根据给定点的权值构建点群的加权 Voronoi 图；最后根据点群 Voronoi 图面积所占比例与邻近性原则进行点的迭代删除。

算法利用专家经验赋予点群权重值，并以此为基础构建了点群的加权 Voronoi 图。在点群的加权 Voronoi 图中，权重值较大的点在同等情况下对应的多边形范围较大，在点群化简过程中也容易被保留。

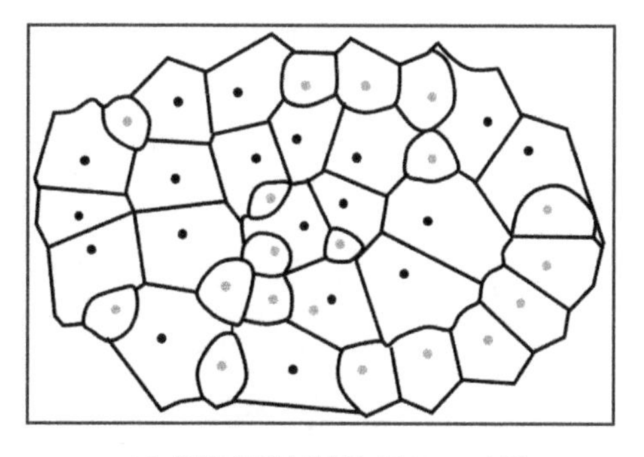

(a) 原始点群的封闭加权 Voronoi 图

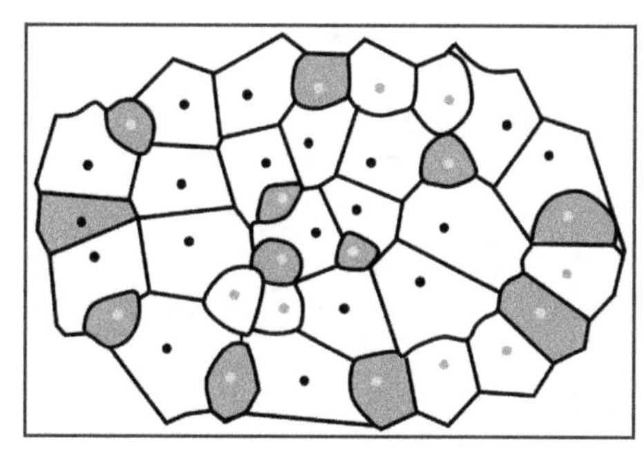

(b) 第 1 轮删除

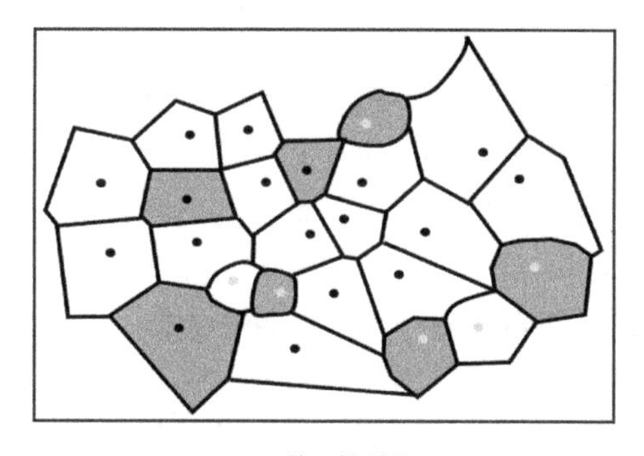

(c) 第 2 轮删除

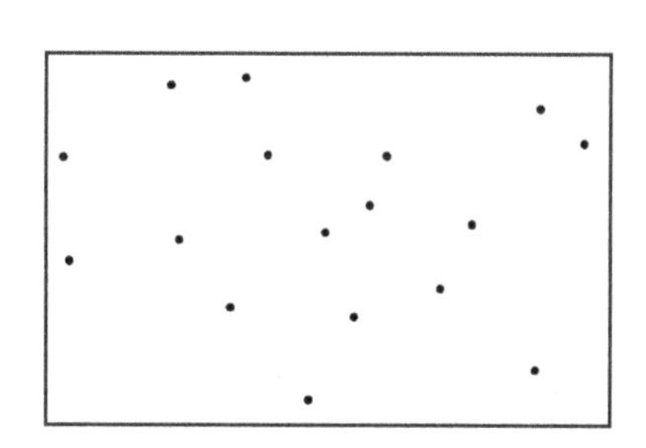

(d) 第 2 轮删除后的点群

图 1.10 加权 Voronoi 图支持下的点群选取算法示意图

（7）基于层次 Voronoi 图的点群综合算法（李佳田等，2014）

如图 1.11 所示，该算法首先利用点与点群中其他点的距离作为点的权重；其次，利用改进的 K 均值算法对点群进行聚类，得到点群不同层级的聚类中心；构建每一层级聚类中心的 Voronoi 图与其层次 Voronoi 树结构；最后，以点群的分布范围、排列方式与密度为度量进行点群综合。

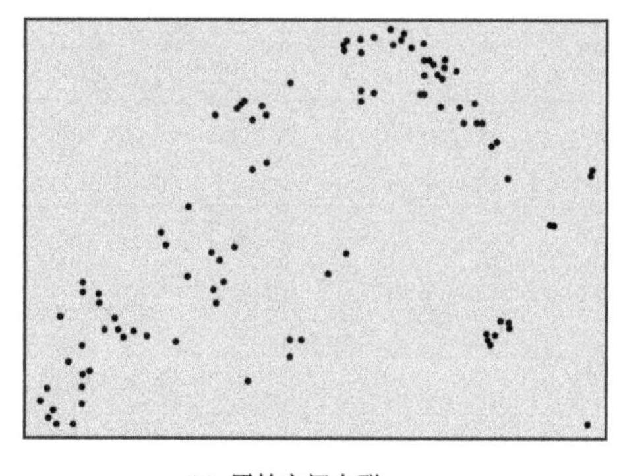

(a) 原始空间点群

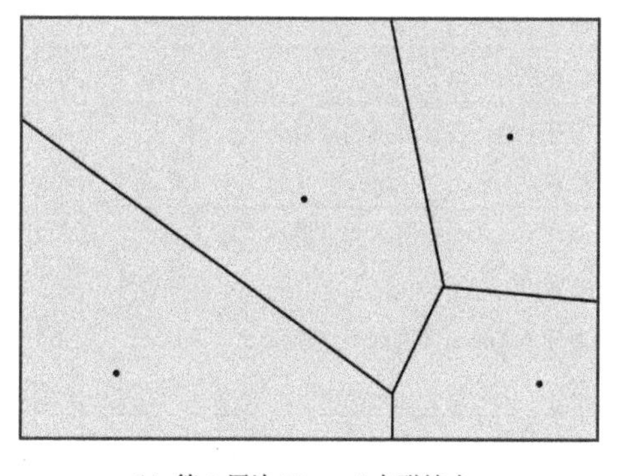

(b) 第 1 层次 Voronoi 点群综合

图 1.11 基于层次 Voronoi 图的点群综合算法示意图

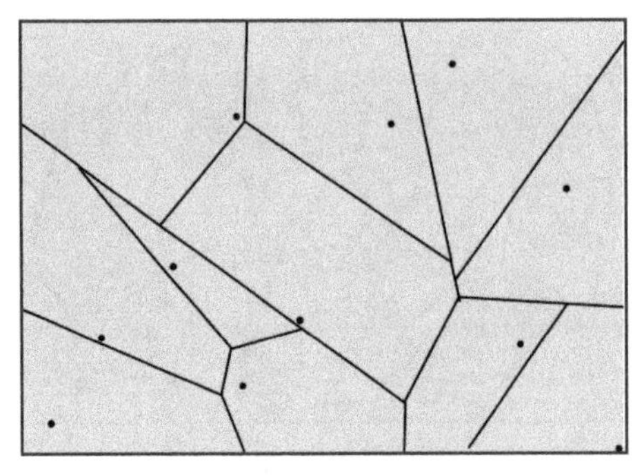

(c) 第 2 层次 Voronoi 点群综合

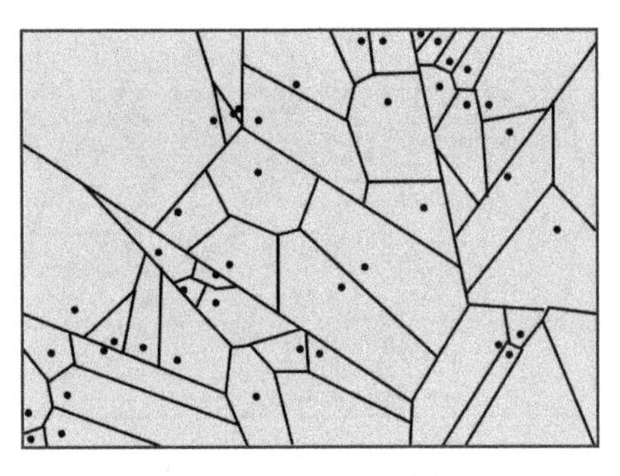

(d) 第 3 层次 Voronoi 点群综合

图 1.11　基于层次 Voronoi 图的点群综合算法示意图（续）

算法将一点到其他点的距离之和作为点群的权重，通过聚类和层次 Voronoi 图树结构，保持了原始点群的分布形态、排列结构等，但本质上仍然没有顾及点的重要程度对点群选取的影响。

综上所述，第 2 类综合方法虽然顾及了点群权重在综合过程中的作用，但仍然存在权重计算不够科学合理、点群综合过程受点群局部分布密度影响较大、没有顾及道路网对点群权重的影响作用和现势性不足等问题。统计已有算法对权重信息的顾及情况，得到如表 1.1 所示的结果。

表 1.1　已有算法对点群权重信息的顾及情况统计

点群化简算法	是否顾及点的重要性	点的权重
基于凸壳的点群化简算法	否	/
保持空间分布特征的点群化简算法	否	/
基于遗传算法的点群选取算法	否	/
点地图化简算法	否	/
基于 Circle 特征变换的点群选取算法	否	/
基于 Kohonen 网络的点群综合算法	否	/
基于 Voronoi 图的点群选取算法	否	/
居民地空间比率算法	是	为每个点赋一个权值，作为衡量点重要程度的标准
分布系数算法	是	按居民地权重降序对点群排序，依次判断并选取，以保证权重值较大的点被选取的概率较大

（续）

点群化简算法	是否顾及点的重要性	点的权重
重力模型算法	是	给定点的权重值，以此为依据，计算居民地的重要性与影响力
圆增长算法	是	点对应的圆与其权重值成正比，权重值越大的点，其对应的圆被其他圆所包含的概率越小，对应的点被删除的概率越小
基于圆增长特征的点状要素选取算法	是	比较点与其周围点的权重值来决定点的删除与否
基于加权 Voronoi 图的点群选取算法	是	按照点的等级等属性，赋予每个点以特定权重值，构建加权 Voronoi 图
基于层次 Voronoi 图的点群综合算法	是	点的权重被定义为点与点群中其他点的距离之和

从已有算法描述和表 1.1 可知，点群综合算法至少存在以下几个问题。

（1）第 1 类综合算法最大的问题在于点群选取过程中没有顾及点的权重信息

点的权重描述了单个点在点群中的重要程度，是点群选取的重要依据。第 1 类算法在点群选取时侧重于点群整体的几何结构、密度分布与拓扑特征等的保持与传输，没有顾及点群的属性信息或将所有点的重要程度视为相同。而在实际地理空间中，设施点大都具有各自不同的属性特征。

（2）第 2 类算法在点群选取过程中虽然顾及了点的权重信息，但仍然存在以下 3 个问题.

① 点的权重值的设定缺乏充足的科学依据。算法中，点的权重值大多按照点的不同等级指定，或由专家依据经验设定。例如，在基于加权 Voronoi 图的点群选取算法中，按照专家经验，将甲级医院权重设为 2，将乙级医院权重设为 1。这种设定难免存在不符合实际的情况，缺乏足够的取值依据。

② 点的权重值缺乏现势参考价值。已有算法中点的权重均为常量，长期保持不变。但在现实生活中，随着时间的推移，点的权重值很有可能发生变化。例如，设施点的废弃与新建、周围环境的变化等，都会影响点的权重。尤其是在事物飞速发展变化的今天，点的权重也应该具有准实时特征，以更好地反映最新情况，更好地服务于点群选取及其他相关领域的研究。

③ 没有顾及关联的道路网对点群重要性的影响。假设将相同的点群置于不同的道路网中，利用现有算法中同一种算法得到的点群化简结果是相同的。但在实际地理空间中，点的重要程度不仅取决于点自身的属性信息，而且与其周边的道路网密不可分。设施点与其所在的道路网往往是相互作用相互影响的。例如，位于城市中心、道路交叉处与重要道路两旁的设施点，其影响力与影响范围通常要

高于其他位置处同样属性的设施点。所以，点的权重与其所在道路网的等级、密度、连通性等息息相关，在点群选取时，也应该考虑到这些因素的影响。

1.3 本书的内容

本书在研究国内外大量相关文献的基础上，结合制图综合技术、高现势性数据及神经网络等相关理论，运用制图综合相关原理与规则，以空间点群为对象，对其权重信息的计算与表达进行深入的研究，并在此基础上探索顾及权重信息的点群综合算法与模型。具体内容如下。

（1）点群权重的计算与表达

针对现有算法的不足，根据点群属性与权重信息的可表达程度，系统研究并选取点群权重的影响因子，在此基础上实现点群权重的计算与表达。

（2）顾及点群影响范围及影响人群的高现势性点群综合研究

将点群影响范围与影响人群作为设施点权重的衡量依据，借助数据获取及处理的手段，将具有准实时特征的新浪微博签到数据引入点群综合，计算点群对应的影响范围及影响人群，在此基础上实现具有较高现势性的点群综合。

（3）顾及关联的道路网属性特征的点群综合研究

为了克服已有算法中点与点之间通过欧氏距离相连以及没有顾及道路网对点群权重的影响的缺陷，算法在点群综合过程中引入网络加权 Voronoi 图，在此基础上分析点群权重影响因子并计算点群权重信息，实现点群综合。研究包括两方面内容：网络加权 Voronoi 图的构建及以此为基础的点群综合模型构建。

（4）顾及点群几何分布特征保持的点群综合研究

在点群权重研究及综合过程中发现，有一类点群自身不具有重要程度区分，如树木、电线杆、红绿灯等，或无法统一衡量其权重信息，如常见的“其他信息”点，其中往往包括各种属性类型的点群数据。此类点群综合的重心转至空间分布特征与拓扑属性的保持，为此，需提出针对此类点群的顾及空间分布特征的点群综合算法。

1.4 本书的创新点

本书的主要创新点如下。

（1）借助数据获取与处理技术，初步获取了点群的影响范围与影响人群，并在此基础上提出了“同心圆”算法，实现了顾及影响范围与影响人群的高现势性点群综合。

① 提出了点群权重的衡量依据：影响范围与影响人群，实现了其相关数据的

获取。

② 提出了点群影响范围与影响人群的处理与可视化方法，为进一步点群选取及相关领域的研究奠定了基础。

③ 在解决影响范围与影响人群共同影响下的点群取舍问题时，提出了一种“同心圆”算法，利用几何理论简单直观地解决了多因素共同作用下的决策问题。

（2）提出了一种网络加权 Voronoi 图构建方法，并在此基础上实现了顾及点群与关联的道路网属性信息的点群综合。

① 通过对 PCNN 基本理论与网络 Voronoi 图概念与特征的研究，提出了一种基于改进 PCNN 的网络加权 Voronoi 图构建方法，较好地解决了道路网约束下的网络加权 Voronoi 图构建问题。

② 在网络加权 Voronoi 图基础上，构建了点群网络 Voronoi 多边形，提出了衡量点群权重的两大因子：网络 Voronoi 多边形面积与多边形内部路段总长度，并在此基础上实现了点群的综合。

（3）提出了顾及几何分布特征保持的点群综合算法。利用 Delaunay 三角剖分与动态阈值“剥皮法”构建点群分布边界多边形并提取外部轮廓点，在此基础上，对外部轮廓点与内部点群分别进行化简，在内部点群选取时，利用了基于 Voronoi 图的外部轮廓约束下的内部点化简算法，在保证原始点群几何结构信息有效传输的同时，顾及了点群外部轮廓点与内部点群之间的相互影响与制约作用。

第 2 章　点群自动综合相关理论

尺度在空间信息等诸多学科中都是极其重要的，它在地学中更是无处不在。地图是按一定尺度绘制的，于是地图学中便出现了多尺度问题。地图综合的出现正是为了解决地图多尺度表达问题（李志林，2005），可以说，正是由于地图表达的多尺度特征，地图综合才至关重要且充满挑战（李志林等，2018）。同时，作为地图综合的重要分支，点群综合的系统研究对地图综合的发展具有重要的理论价值和推动意义。为此本章将从尺度的概念入手，依次介绍地图综合与点群综合相关的概念、综合算子、约束条件与评价标准，为后续章节的论述奠定理论基础。

2.1　尺度的概念

尺度是指描述或研究某一现象或物体时采用的时间或空间单位（孙庆先等，2007）。在自然现象中，生物界和非生物环境中存在着各种尺度的变化，社会、经济过程和现象中同样存在着尺度特点（闫浩文等，2009）。在测绘学、地图制图学与地理学中，尺度通常被表述为比例尺，即地图上的距离与其所表达的实际距离之间的比值。其中，地图就是按照一定比例尺绘制的（如 1∶1 万，1∶5 万），在由大比例尺地图转化到小比例尺地图的过程中，应该保留多少地图要素、保留哪些要素以及如何保留这些要素，就是地图综合的主要任务。

空间数据的尺度体现在空间和时间两个方面，分别指数据表达时的空间大小和时间长短。

（1）空间多尺度

空间数据可以按照其所表达的空间范围分为不同尺度。空间数据的多尺度特征表现为可综合性，即可以根据空间数据内容的规律性、相关性及自身规则，将相同数据源表现为不同尺度规律的数据。

（2）时间多尺度

时间多尺度表现为数据表示与形成周期有长短之分。

地理数据的空间与时间多尺度势必造成数据表达与存储的复杂，同一实体的多种尺度表示会产生大量的数据冗余等一系列弊端，尤其是在进行跨图幅综合分析时会产生一系列问题。因此，需要寻求一种多尺度数据处理与表达方法，使得地图综合能从空间特征保持、空间关系一致性和空间目标一致性的角度出发，从一种尺度完备过渡到另一种尺度表达。

2.2 地图制图综合理论

地图制图综合也称地图综合或制图综合，其概念由 Eckert 于 1921 年首次提出（王家耀，2008），自 20 世纪 60 年代以来，地图综合快速发展并成为地图制图学领域的热点问题（Bereuter P, et al., 2010）。它经历了由“主观过程”到“客观过程”、由定性描述到定量描述、由地图模型到基于算法和知识的自动描述等过程。制图综合一直是一项主观与客观相结合相统一的过程，其综合过程要在制图工作者对于地理环境的全面、综合的理解与分析的基础上，结合客观的制图标准与规范，进行“科学的、创造性的劳动”（Topfer, 1982; 武芳等，2017）。由于制图综合的复杂性与求解的困难性，无论过去、现在或将来，它都是现代地图学中最具挑战性和创造性的领域（齐清文等，1998）。

2.2.1 影响地图制图综合的基本因素

（1）地图的用途与主题

地图图面上保留与表达的内容取决于地图的用途与主题。所以，地图的用途与主题是制图综合的主导因素，它决定了制图综合的倾向，如图 2.1 所示。

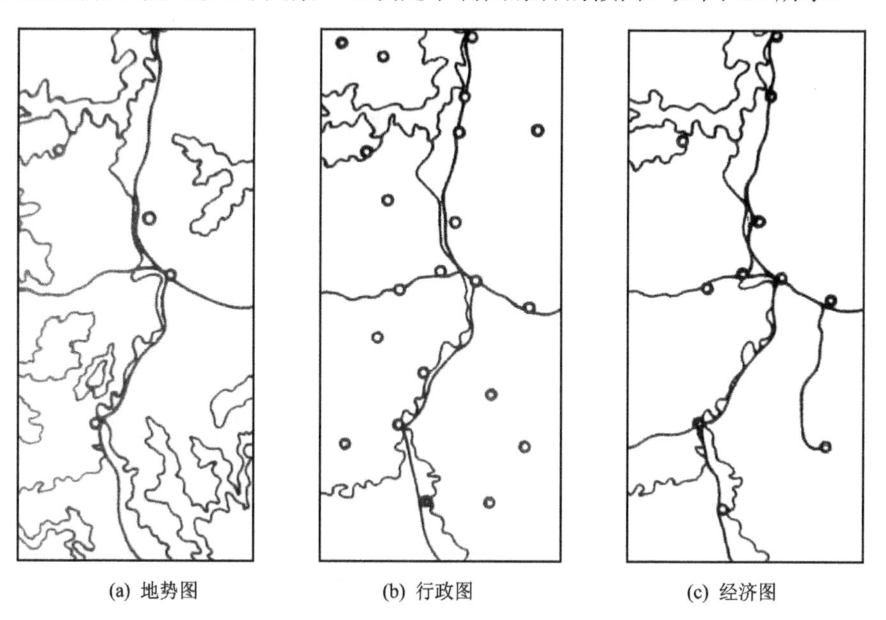

(a) 地势图　　(b) 行政图　　(c) 经济图

图 2.1　制图综合的主导因素——地图的用途与主题

（2）地图比例尺

地图比例尺是地图对地物缩小程度的一个标志，它决定了图幅的大小和图面上所能容纳地理要素的数量与质量。地图比例尺对制图综合的影响主要体现在综合程度与表示方法等方面。具体表现为：在比例尺缩小的同时，制图区域及区域上表达的事物都在成比例缩小，相同图幅所表达的实际范围增大，但表达的内容随之越来越粗略；较大比例尺地图上，同样图幅所能表达的实际范围缩小，但地图表达的内容比较详尽，此时，制图综合的重点在于地图要素内部结构的研究与概括，当地图比例尺缩小后，制图综合的研究转向地图要素外部形态的概括与拓扑结构的描述。如图 2.2 所示，不同比例尺地图图幅不同，所能显示的地理要素数量与内容均不相同。同样图幅的小比例尺地图所能容纳的地图要素更多，但与相同区域的大比例尺地图相比，小比例尺所能清晰表达的地物及其细节就相对减少了（游雄，1992）。

(a) 1:50000 比例尺下某地部分区域

(b)1:25000 比例尺下某地部分区域

图 2.2 不同比例尺地图

（3）制图区域的地理特征

综合后的地图必须正确客观地描述制图区域的空间地理特征。所以，制图综合方法的设计及综合过程中指标的确定，都要在制图区域地理特征的影响和约束下进行（黄远林，2012）。例如，一个小湖泊在多水地区不算是区域特征，但是在沙漠地区它便是重要的特征。

（4）制图资料的质量

制图综合的基础是空间数据，制图综合的质量直接受原始数据的特点、精度与质量的制约。原始数据的可靠性与详尽程度等都会影响制图综合的质量与效率。

（5）地图符号

地图符号的内容、大小和颜色都会影响地图的内容表达，也制约着制图综合的概括程度与化简方法。

2.2.2　制图综合算子

制图综合是一个复杂的全局性图形处理过程，为了降低其复杂性，通常将地图综合处理过程分解为一系列不可再分且可以组合的子过程，这些子过程称为制图综合算子。制图综合算子是在概念上对制图综合操作的描述与定义，一直以来，对制图综合算子的研究较多，研究成果丰硕，经典的模型有四算子模型（Bobinson, 1984; Mackaness, 1994）、五算子模型（Rhind, 1973; Keates, 1989）、七算子模型（Beard, 1991; Anderas Schlegel, 1995）、九算子模型（Willian A, 1991; Ruas, 1995; Dan Lee, 1995）、十二算子模型（Shea and McMaster, 1989）与五类算子模型（Rieger and Coulson,1993; 郭庆胜, 1999）。这些不同的综合算子分类也是制图综合主观性的典型体现（Brazile, 2002）。下面介绍几种最常用的综合算子。

（1）选取：这是制图综合中最重要的一个算子，当要素分布密度较大时，根据地理要素的重要性和尺寸等确定哪些要素需要保留，保留多少，哪些要素需要舍去，以及如何进行取舍。要素在选取过程中不能移动，选取操作如图 2.3 所示（程博艳，2014）。

图 2.3　选取操作

（2）化简：该算子只适用于线状与面状要素，是指在不改变要素形状特征的前提下，删除要素不重要的节点或细小的弯曲，化简操作如图 2.4 所示。

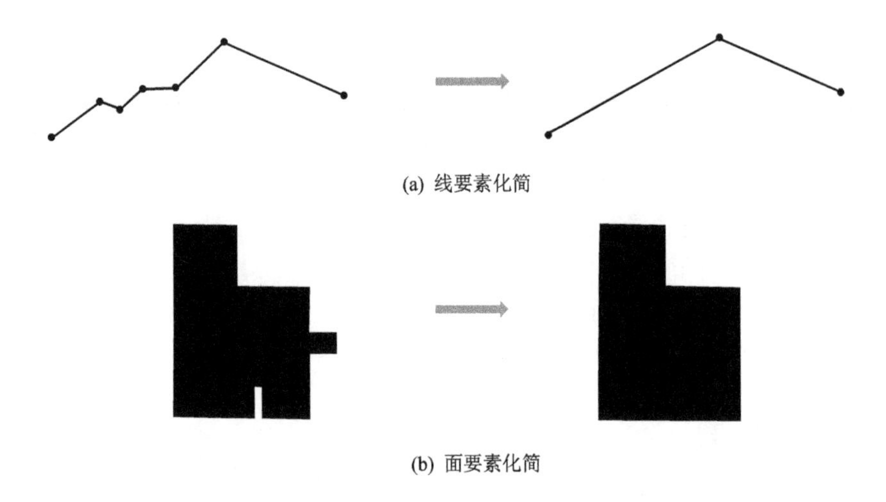

(a) 线要素化简

(b) 面要素化简

图 2.4　化简操作

（3）聚合：原比例尺地图上的要素会随着地图比例尺的缩小而产生拥挤，其间隔会变小。此时，将难以分辨的相邻或相近的同类要素合并的现象称为聚合。聚合操作如图 2.5 所示。

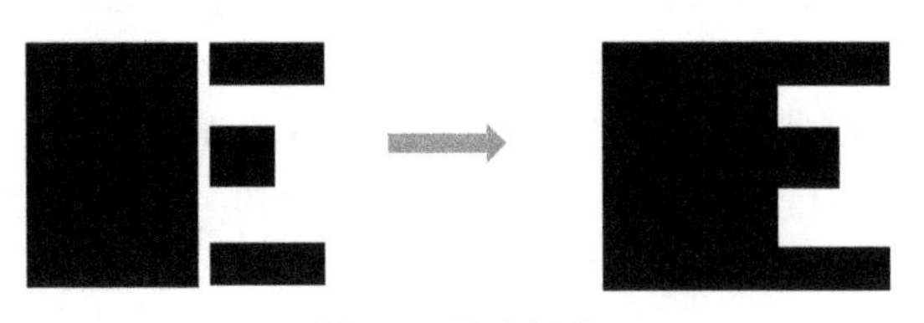

图 2.5　聚合操作

（4）融合：主要是指对土地利用与土地覆盖等面状要素进行合并，融合操作如图 2.6 所示。

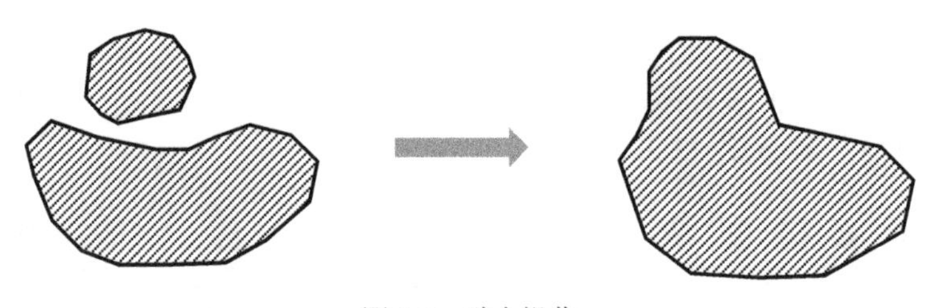

图 2.6　融合操作

（5）降维：当地图比例尺缩小时，诸多线状与面状要素无法通过化简等操作显示在目标地图上，此时可以通过降低要素的空间维度的方式将其展现在地图上。例如，面状地物用点状要素来描述，该降维操作如图 2.7 所示。

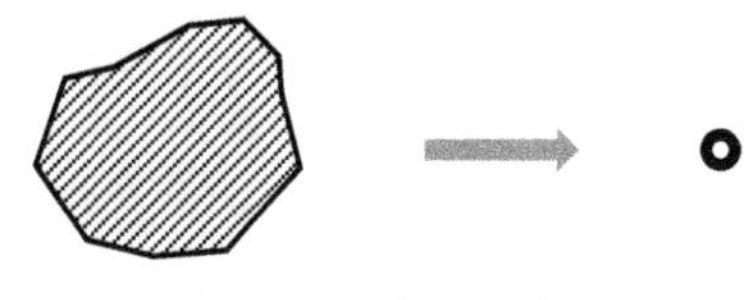

图 2.7　降维操作

2.2.3　制图综合的约束

在制图综合中，必须克服的空间表达限制，称为综合约束。综合约束是指在解决综合问题中必须遵循的有关规范，它描述了空间地物的邻近关系、拓扑结构及其他信息等的最低要求界限（M. K. Beard, 1991）。制图综合约束的概念最早是由 Beard 从计算科学引入地图综合领域的（R. Weibel, 1996）。后来，Weibel、Lagrange 、Ruas 等对其进行了扩展（J. P. Lagrange, 1997; A. Ruas, 1998; H. B. Qi, 2009）。

按照不同的功能和原则可以将制图综合约束划分为不同类型。Beard（1991）将约束划分为 4 类：图形约束、结构约束、应用约束和过程约束；Ruas 和 Plazanet（1996）将约束划分为：易读型约束、形状约束、空间约束和语义约束 4 大类；Weibel 和 Dutton（1998）、Haunert（2008）、Galanda（2003）又将约束分为 5 类，分别是：拓扑约束、图形约束、结构约束、格式塔约束和过程约束。这里我们采用 Weibel 和 Dutton 提出的这 5 类约束来描述制图综合约束（章莉萍，2009）。

（1）拓扑约束

拓扑关系是地图要素之间很重要的一种关系，主要包括要素之间的邻近、包含和网络的连通性等。拓扑约束主要定义了制图综合过程中要素之间拓扑关系的保持，即综合前后要素间的拓扑关系要尽可能地保持一致。

（2）图形约束

图形约束主要是指在制图综合过程中，要尽可能地保持要素的最小尺寸和要素之间的距离。对于单个要素，图形约束表现在要素的最小长度、宽度以及其他最小尺寸；对于复合要素，图形约束主要表现在要素之间的最小距离及其邻近关系。

（3）结构约束

结构包括整体几何结构和局部典型特征。在制图综合过程中要尽量保持原始点群的结构特征。对于单个要素，结构约束主要表现在要素的几何特征与语义特征描述上；对于多个要素，其结构约束主要表现在对群组的排列特征、分布密度与分布形状的限制方面。

（4）格式塔约束

格式塔约束来源于格式塔心理学，也被译为“完形心理学”。在制图综合中，格式塔约束反映了美学与视觉平衡的相互关系，主要指保持群组地物的整体形状、形态与结构特征。

（5）过程约束

这里的过程包括综合过程中算子执行的先后顺序与各要素执行的先后顺序。过程约束旨在得到最优的综合结果，在综合执行过程中根据综合算子的关联合理安排各算子执行的顺序与各要素执行的顺序。

2.3 点群综合理论

2.3.1 点状符号

（1）有坐标位置的点

这些点具有平面直角坐标。

（2）有固定位置的点

地图上的大多数点状符号属于这一类，它们有自己的固定位置。

（3）只具有相对位置的点

此类点为实际地理空间中必须依附于其他载体而存在的点，如路标、水位点等，它们的存在与变化都取决于被依附目标。

（4）定位于区域范围的点

这些符号大多是说明符号，自身没有固定的位置。

2.3.2 点群的描述参数

在地理空间中，人们常将距离相近、形状相似、语义相近的多个单目标看成一个视觉整体，这种由于多个单目标关联度高而形成的集合称为群组。空间目标许多情况下都是以群组的形式出现，如高程点、道路、河流、居民地等，按照群组目标构成要素的属性，可以将其分为点群、线群、面群与混合群。点群主要有控制点群、高程点群等；线群有道路网、铁路网、河流网等；面群有居民地群、行政区域、岛屿群和湖泊群等；对于混合群，当地图比例尺缩小时，许多空间地物都表现为点群。

一个区域内的点群信息可以用以下参数描述。

（1）点的个数：区域内点的数目，见图 2.8(a)。

（2）点的权值：点个体在点群中的重要程度值（Van Kreveld M. et al., 1995；Ahuja and Narendra, 1982），见图 2.8(b)。

（3）邻居点：与点具有邻近关系的点，可以是 1 阶邻居点，*k* 阶邻居点（Ahuja N and Tuceryan M, 1989；郭仁忠，2000），见图 2.8(c)。

（4）分布范围：包含点群中所有点的一个或多个多边形区域（Yukio, 1997），见图 2.8(d)。

（5）区域绝对密度：单位面积内点的数目，或点间的平均距离（闫浩文等，2009）。

（6）区域相对密度：一定区域内的绝对密度与整个区域绝对密度之和的比值（闫浩文等，2009）。

（7）分布中心：相对密度高于周围区域的一个或多个区域（Yukio, 1997），见图 2.9(e)。

（8）分布轴：主要是针对呈线性分布的点群，从中提出一条或多条分布轴线，见图 2.8(f)。

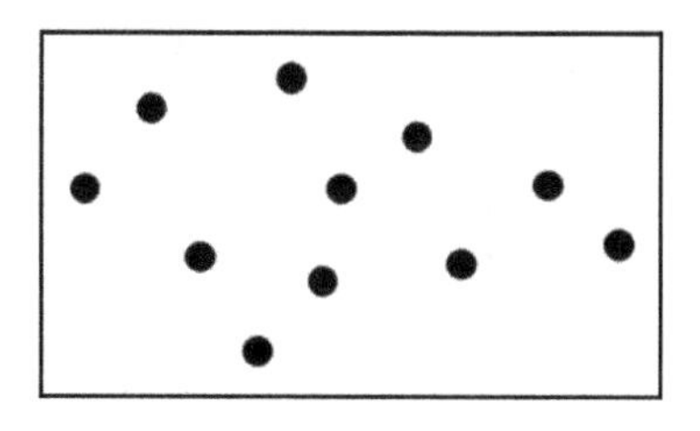

(a) 点的个数（这个点群中有 11 个点）

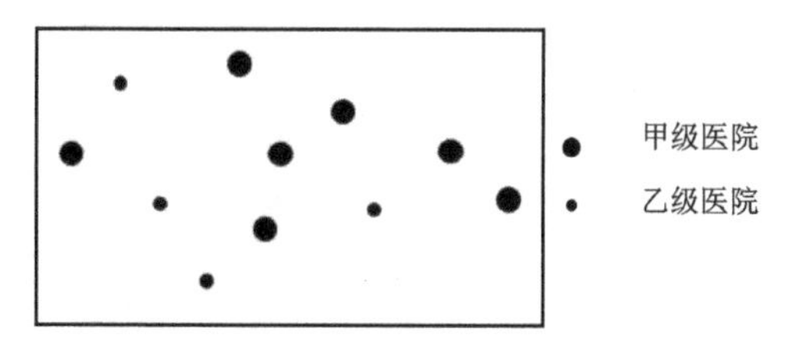

(b) 点的权值（较大的点与较小的点具有不同权值）

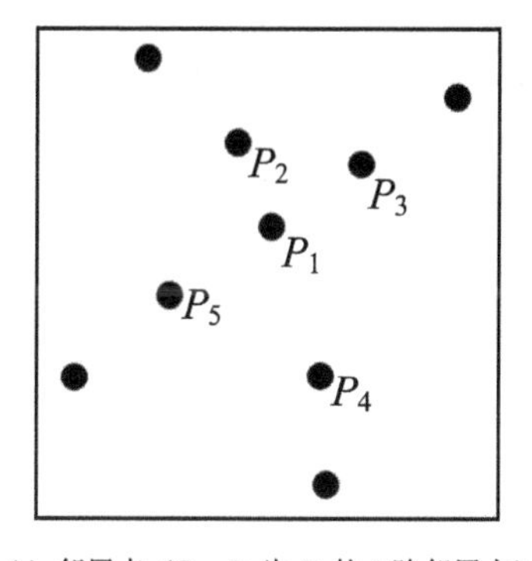

(c) 邻居点（P_2~ P_5 为 P_1 的 1 阶邻居点）

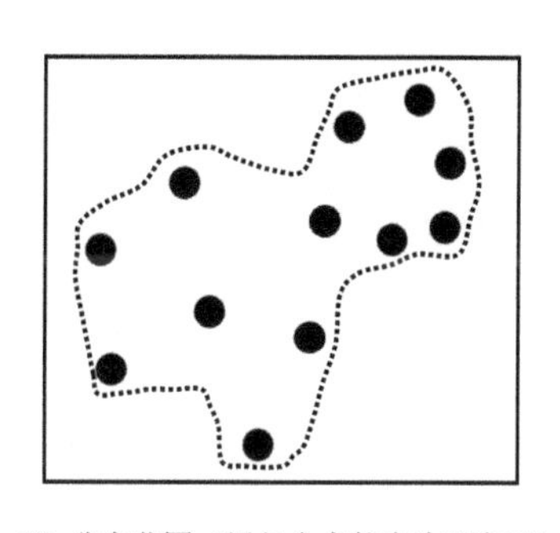

(d) 分布范围（用包含点的多边形表示）

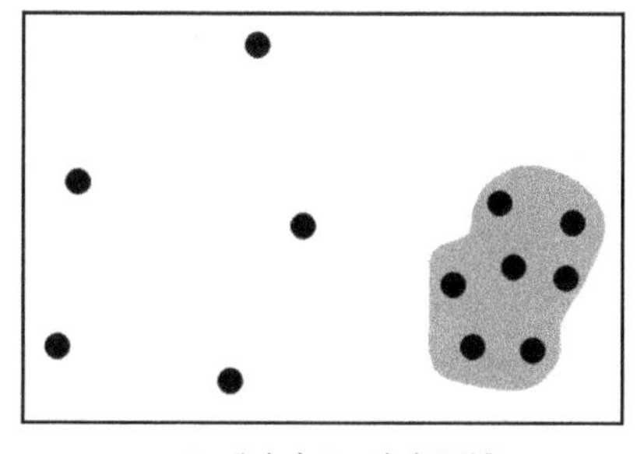

(e) 分布中心（灰色区域）

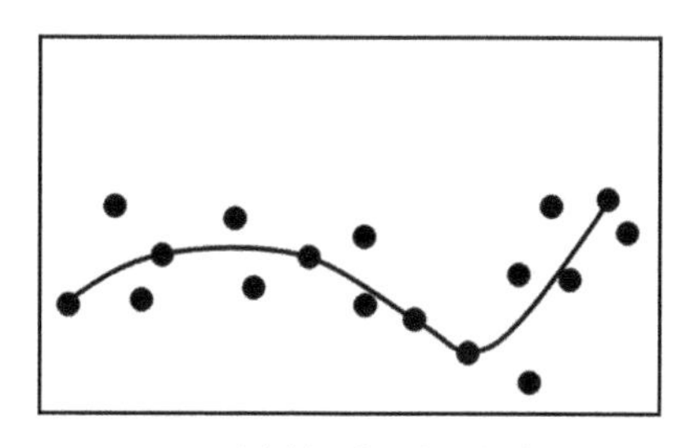

(f) 分布轴（穿越点群的线）

图 2.8　点群的描述参数

2.3.3 点要素的综合操作

点要素的综合分为单个点要素的综合和点群的综合（王家耀等，2011）。

其中，单个点要素的综合包括以下三种操作（Li Zhilin, 2007）：

（1）移位：当一个点要素与其他相邻的一个或多个要素距离比较近而不能区分时，要将当前点要素进行移位。

（2）删除：对一个次要的无法显示在地图上的点进行删除。

（3）放大：将一个无法显示在地图上的点要素放大尺寸，使其显示在地图上。

表 2.1 单个点要素的综合操作

	大比例尺图	按比例简单缩小后	小比例尺图
移位			
删除			
放大			

点群的综合操作包括如下几种。

（1）聚合：在比例尺缩小的过程中，原比例尺地图中点群之间的距离会相应缩小，甚至出现因为拥挤而无法分辨的现象，此时需要将彼此相邻的点要素合并为一个点要素，如图 2.9 所示。聚合便是生成一个新点以取代原来语义上、相似空间上相近的多个点的过程。

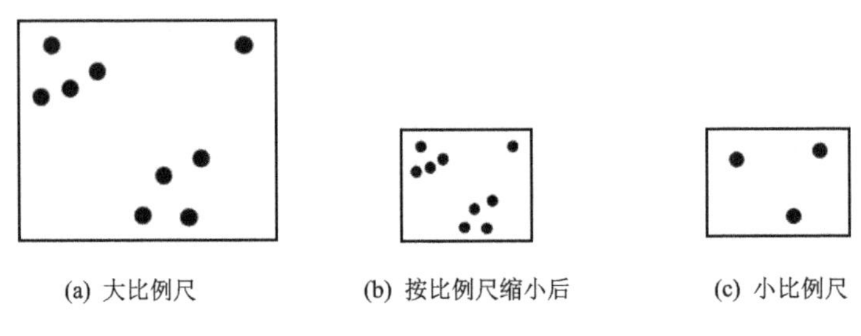

(a) 大比例尺　(b) 按比例尺缩小后　(c) 小比例尺

图 2.9 点群的聚合

（2）区域化：用点群所在区域的边界多边形对应的面要素表达该点群，如图 2.10 所示。

（3）选择性删除：根据点的重要程度保留重要的点而删除不重要的点，如图 2.11 所示。

（4）化简：在保持点群结构特征的前提下，删除一些点降低点群的结构复杂度，如图 2.12 所示。

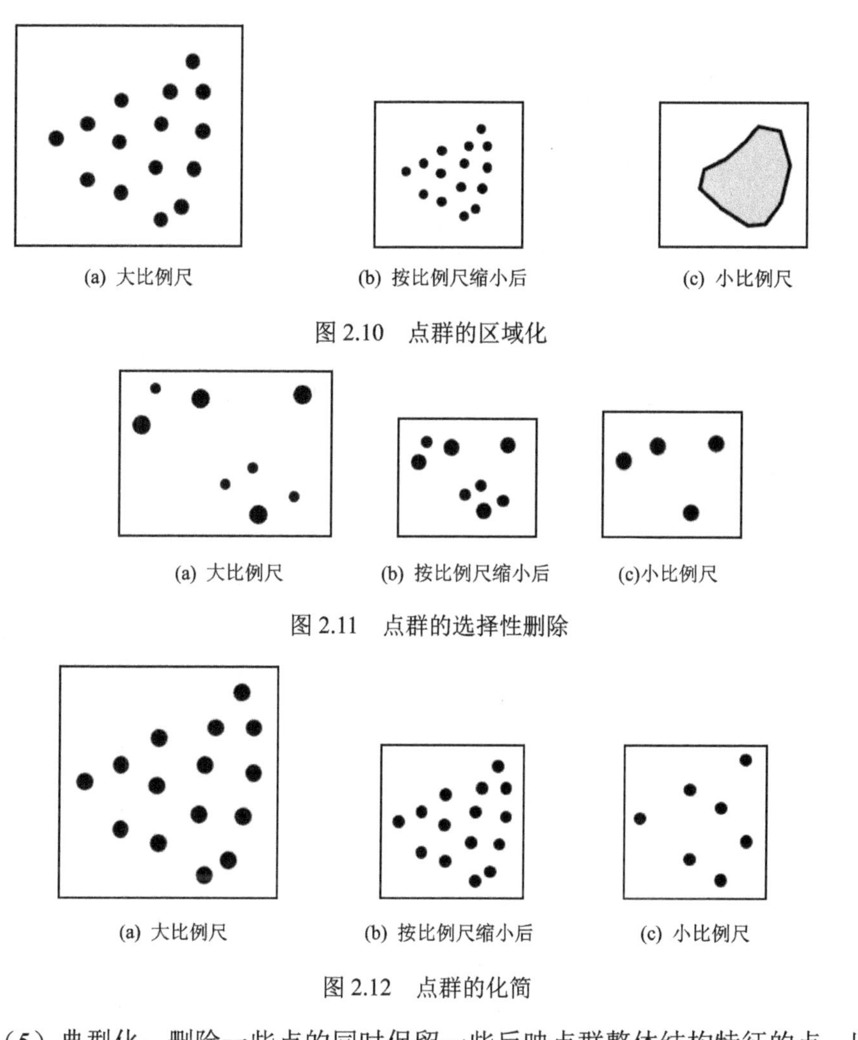

图 2.10　点群的区域化

图 2.11　点群的选择性删除

图 2.12　点群的化简

（5）典型化：删除一些点的同时保留一些反映点群整体结构特征的点，以保持点群的典型图案，如图 2.13 所示。

(a) 大比例尺　(b) 按比例尺缩小后　(c) 小比例尺

图 2.13　点群的典型化

2.3.4　点群综合的评价体系

地图综合过程是空间的抽象化与概括化过程，在这个过程中，空间数据传输质量问题是评价一个综合算法/模型的主要标准。地图综合过程中要尽可能地对原比例尺地图所包含的各类信息进行有效传输。

“信息”的概念被 Sukhov 于 1967 年引入地图制图领域，它是地图及地图要素所包含的所有消息的量化表述。Sukhov（1967）描述了地图的统计信息，属于统计范畴，没有顾及地图符号的空间分布。Neumann（1994）在顾及地图要素邻近性与连通性的基础上，提出了拓扑信息这一概念。Bjørke（1996）提出了三种类型的信息：位置信息、度量信息与拓扑信息，其中描述的位置信息熵可以通过计算地图要素数量获取，所以这里的位置信息与 Sukhov（1967）提出的统计信息是相同的。Li 和 Huang（2002）提出了地图的度量信息、专题信息和拓扑信息。故地图要素至少包含以下 4 类信息：统计信息、专题信息、拓扑信息、度量信息。

地图综合过程中需要综合考虑这四种类型信息的量化描述与传递。

（1）统计信息

点群统计信息的保持程度用综合前后点群中点的个数来衡量。其中，综合后点群中保留的点的数目通常用基本选取法则计算得出。

算法中通常利用综合后点群中点的数目与利用基本选取法则求得的应该保留的点的数目的差值来衡量综合过程中统计信息的传输效率。

$$I_{\mathrm{st}} = N' - n \tag{2.1}$$

其中，N' 为综合后点群中点的个数，n 为按照选取法则在点群综合过程中应该保留的点的个数。

（2）专题信息

专题信息是点的重要程度的表达与度量。综合过程中专题信息通常用点的权重值衡量。在点群综合过程中表现为：重要程度较高的点被保留的概率较大，重要程度较低的点被保留的概率较小。

算法中通常利用综合后点群权重平均值与原始点群权重平均值之差，来判断综合过程中点群专题信息的传输程度，综合后点群的权重平均值减去原始点群的权重平均值的差越大，则说明综合过程中高权重值点被保留得越多，专题信息传输得越好：

$$I_{\mathrm{weight}} = \sum_{i=1}^{N'} W_i / N' - \sum_{i=1}^{N_0} W_i / N_0 \tag{2.2}$$

式中，I_{weight} 为点群专题信息的传输效率，N_0 为原始点群中点的个数，N' 为综合后点群中点的个数，W_i 为 i 点的权重值。

（3）拓扑信息

拓扑信息表现为点的内部邻近等关系，通常用点的邻居点保留的数目来表示综合过程中点群拓扑信息的传输效率。

拓扑信息的传输效率通常用原始点群的 1 阶邻居点保留的个数来衡量，综合后点群的原始 1 阶邻居点保留得越多，原始点群的拓扑信息传递效率越高：

$$I_{tp} = \sum_{i=1}^{N'} N_i \bigg/ \sum_{i=1}^{n} N' \qquad (2.3)$$

式中，I_{tp}为拓扑信息传输率，n为综合后保留的点的个数，N_i为综合后点群中第i点的1阶邻居点个数，N_i'为综合后点群中第i 点在原始点群中的1阶邻居点个数。

（4）度量信息

度量信息反映的是点群内部几何结构、密度等特征。在点群综合过程中，度量信息表现为点群的区域绝对密度、区域相对密度、分布范围、分布中心与分布轴线等特征信息。

度量信息的传输情况通常用综合前后点群分布边界多边形面积之比和局部区域密度之比来度量。

综上所述，地图所包含的4类点群信息的描述参数如表2.2所示。

表2.2 点群信息的描述参数

信息类型	描述参数
统计信息	点的个数
专题信息	点的权值
拓扑信息	邻居点
度量信息	区域绝对密度、区域相对密度、分布范围、分布中心、分布轴线

以上4类信息的保持策略及传输效率评价会作为衡量点群综合算法优劣性的指标被纳入后续点群综合算法中，这个问题将在后续章节算法评价中具体介绍。

2.4 小结

为了给后续章节的展开论述提供理论支持，本章介绍了地图综合及点群综合相关的一些概念与理论，主要包括：

（1）引入了地理空间尺度的概念，并介绍了尺度与地图综合的紧密关系。正因为有了地理空间信息多尺度表达的需求，才使得地图综合显得尤为重要。

（2）介绍了地图综合相关的概念，包括地图综合过程中常用的算子、影响制图综合的主要因素以及制图综合约束。

（3）介绍了点群综合相关的概念，介绍了点状符号与点群的特点和描述，在此基础上，阐述了单个点要素与点群的综合算子，最后介绍了点群综合的评价体系和点群综合过程中需要有效传输的4类信息。

第 3 章　高现势性点群综合方法

在大数据时代背景下，制图综合也被赋予了新的内涵与外延。地图综合的重点由传统的面向图形的化简与概括转移到空间数据挖掘与知识发现支持下的更注重语义与时效性的制图综合，从单纯的空间维度向“空间+时间+语义”的联合过渡。制图综合已经沿着从“图形综合”到“大数据支持下的顾及图形语义的高现势性综合”的路线发展（武芳等，2017）。

为了使点群权重计算更加合理且具有较高的现势性，可以利用数据获取与处理技术分析研究点群的语义信息，在此基础上计算点群权重并制定信息传输与点群选取策略。在事物发展变化加速的今天，这种高现势性的地图综合更具指导意义，也可以为大数据时代下的地图综合提供一个新的思路或参考。本章将以点群为例对高现势性地图综合进行一次尝试与探索。相信大数据获取与处理技术的进一步发展与提高，和更准确可靠的数据与更完善的处理方法，将使得地图综合结果更加符合现实特征且更具现势参考价值。

3.1　点群权重衡量因子的选取

为了解决已有算法中点群权重值的确定缺乏充足依据的问题，引入点群的影响范围和影响人群作为其权重衡量依据。同时，针对现有算法中的点群权重值缺乏现势参考价值的问题，引入高现势性的新浪微博签到数据作为点群影响范围与影响人群的计算依据。下面就点群的影响范围与影响人群相关概念及其数据获取途径展开论述。

3.1.1　点群的影响范围与影响人群

点群包括地理空间设施点（如医院、学校、宾馆、加油站等）、高程点与岛屿群、湖泊群等。其中设施点的建立大都是为了满足人们日常生活中的某种需求，设施点会在一定程度上服务于一定范围内的一定人群，反映为设施点具有的两大特征：影响范围与影响人群。例如地图上以设施点形式存在的商业中心、银行、医院等都具有服务范围与服务人群属性，该点服务范围越广、服务人群数量越大，其重要程度相应越高，即该点的权重值越大。算法将点的影响范围与影响人群作为衡量其权重的两大指标。

（1）影响范围。点的影响范围如图 3.1 所示，反映了设施点服务区域的大小。已有的相关研究大多利用 Voronoi 图强大的空间分析功能，研究城市、商业区等的影响范围。例如，李圣权等（2004）、范昕等（2013）利用 Voronoi 图和加权 Voronoi 图代表点群的辐射（服务）范围；杨正泽等（2016）、董伟等（2011）、邹亚锋等（2012）将 Voronoi 图视为城市影响范围的衡量依据；卢敏等（2018）基于 Voronoi 图进行了超市市场域分析研究；李卫民等（2018）利用加权 Voronoi 图划分了中心村的综合影响范围。

已有研究中利用 Voronoi 图或加权 Voronoi 图作为点群辐射范围的构建依据，其实质仍然是基于点群分布密度的空间剖分，受点群局部分布密度影响较大。如图 3.2 中具有相同等级属性的点 P_1、P_2 与 P_3，利用已有算法中的 Voronoi 图衡量其影响范围时，由于其所处区域局部密度不同，导致其辐射范围差距较大，进而对其重要性判断产生影响，没有顾及点群的实际影响范围。

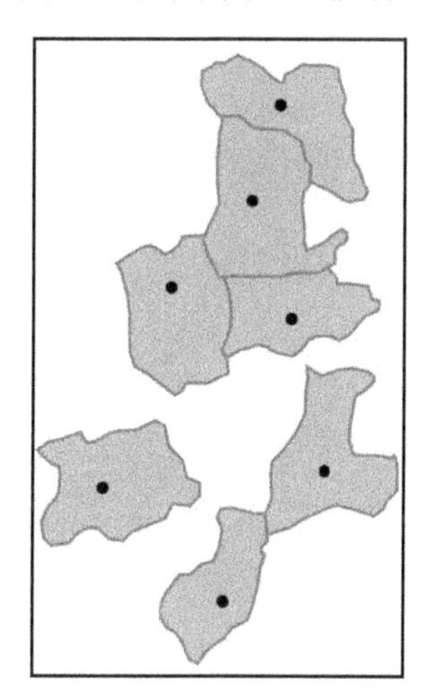

图 3.1　点的影响范围

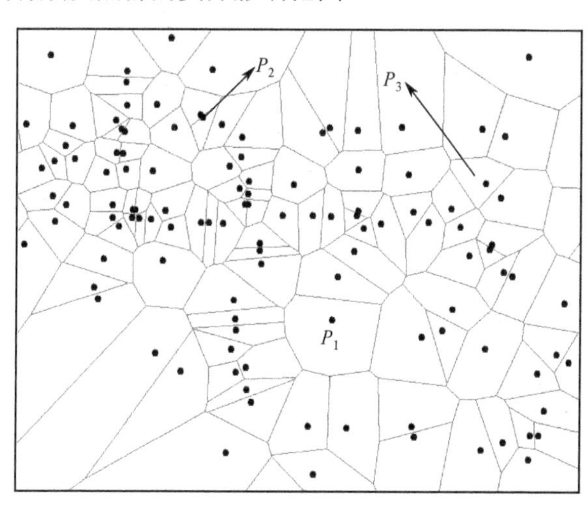

图 3.2　点群局部密度

（2）影响人群。影响人群反映了设施点服务的人群数量，是设施点功能最重要的体现。已有的相关研究大多顾及了点的影响范围，对点的影响人群数量却鲜有涉及与研究。而在实际地理空间中，点群影响人群的介入不仅会为点群增加语义信息，使得点群重要性判断更加全面、合理，而且会在一定程度上弥补仅根据点群影响范围决定点群重要性而产生的缺陷，例如，某些点由于其所处区域点群局部分布密度较大导致其影响范围相对较小，但它的影响人群数量可能较多，这种点在现实生活中往往会具有较高的权重；相反地，另外一些点会因为其所处位置的点群局部分布密度较小而使得其影响范围较广，但其影响人群数量可能较小，对应点的权重值会比只顾及其影响范围情况下的权重值小。在判断点群权重的过程中，引入影响人群的概念可以适当克服已有算法中点群选取结果很大程度上受点群局部分布密度制约的弊端。

综上所述，点群的影响范围、影响人群及二者之间的关系可以反映点群的如下特征：

（1）点群的实际重要程度

设施点的影响范围越广、影响人群数量越多，则说明该设施点在点群中重要程度越高，相反则重要程度越低。例如地图上以点群形式存在的医院。若其服务的区域越广，来就医的人数越多，则可以说明该医院设备比较先进、医生技术水平较高、就医环境较好、声誉较好……这些都反映了设施点的等级及其重要程度。

（2）点群的局部分布特征

如果设施点的影响范围较大，但影响人群数量较少。则可以认为该点所处的区域局部密度较小；相应地，如果设施点的影响范围较小，但影响人群数量较多，则说明该点所处区域局部密度较大但该点重要程度较高。

在点群选取过程中，为了尽可能地保持原始点群的专题信息，重要程度较高的点被保留的概率较大；为了较好地保持原始点群的分布特征与拓扑信息，密度较小区域的点群在选取过程中应尽可能被保留。

为此，在点群综合过程中，可以将点群的影响范围和影响人群作为衡量点群重要性的两大因子。

特别地，有一类点群虽然具有影响范围与影响人群属性，但其影响范围并没有实际意义，如大型宾馆、游乐园等，其消费人群来源具有很大的随机性，导致其影响范围并不具有实际参考价值。对于此类点群算法规定利用 Voronoi 图近似表示其影响范围，与影响人群一同作为其权重衡量的依据。

3.1.2 高现势性数据的获取

点群影响范围与影响人群的提出可以弥补现有算法对点的权重值的确定缺乏科学依据的不足，在此基础上，为了增强点群综合算法的现势性，提出了结合当前大数据获取与处理技术进行点群影响范围与影响人群的计算问题，其基本思路是：（1）对于影响人群数据，通过计算一定时间范围内该设施点的访问人数来获取；（2）对于影响范围数据，通过追踪该点访问人群得到其常驻地信息，进而构建访问人群常驻地的分布范围多边形得到。所以获取点群影响范围与影响人群的相关数据关键在于获取点群的访问人群以及这些人群的常驻地信息。要获取具有现势性的特定地点的访问人群与人群常驻地信息需要依靠位置大数据。

位置大数据为含有空间位置和时间标识信息的地理和人类社会信息数据，包括自然地理数据与社会经济数据，轨迹数据与空间媒体数据（刘经南，2014）。其中，常用的轨迹数据主要通过测量手段与网络签到等方法获取，包括个人、群体与车辆轨迹数据，主要来源于各类导航数据、手机数据等，此类数据体量较大但准确率较低；空间媒体数据主要包括含有位置信息的图形、声音与视频等，主要来源于移动社交网络等平台，此类数据来源混杂，实时性强但时空标识欠精确。综合分析现有的位置大数据来源及特点，可以用于点群影响范围与影响人群研究的数据源有：（1）腾讯位置大数据。QQ 和微信数据采样比例很高，尤其随着微信收付款功能的日益强大，除了儿童和少数老人，其使用范围几乎涵盖了所有人群，但其获取比较困难，所以其相关研究成果较少，如梁林等（2019）利用腾讯位置大数据中的人口迁徙数据进行了城市群空间连续格局特征的研究。（2）手机信令数据。手机信令数据是除儿童外的几乎全样本数据，数据量很大，但需要从移动通信公司获取，且受基站之间距离等影响较大。利用手机信令数据进行的相关研究多集中于居民出行特征分析与城市规划等领域，Yang Xiao et al.（2019）利用手机信令数据对上海市大型公园的可达公平性进行了分析。（3）出租车轨迹数据与公交车刷卡数据。这类数据获取较为困难，主要应用于城市功能区识别（谷岩岩等，2018；邬群勇等，2018）、城市道路拥堵分析与预测（邬群勇，2018）和居民出行特征分析（张俊涛等，2015；王宇，2018；段宗涛等，2017；艾廷华，2016）等领域。（4）微博签到数据。微博签到数据常被用于居民出行及职住特征等的分析，其获取较为容易。新浪微博是国内上线最早、规模最大的微博社区（陈智，2016），自上线以来一直保持着爆发式的增长，2018 年 6 月的月活跃用户数达到 4.31 亿。签到（Check-in）是指用户通过智能终端设备（智能手机等）通过信息通信网络在微博等社交网络上借助位置服务分享自己的实时位置信息，公布自己的动态信息、去往的兴趣点（POI，Point of interest）、体验和心情等，签到行为与用户的地理位置密切相关（王文宇，2004；韩华瑞，2017），可以通过用户签到信息提取其签到地点，也可以提取在某一地点签到的用户 ID 等各类信息。位置服务也称为移动定位服务，它借助于移动运营商的无线通信网络或全球定位系统（GPS）获取用户的地理位置信息（熊丽芳，2014；周永杰，2013）。微博签到数据已被广泛运用到了各种研究领域并取得了丰硕的成果。

考虑到数据的适用性及可获取性，算法选取新浪微博签到数据处理并分析得到点群的影响范围及影响人群信息。同时，鉴于现阶段数据获取的局限性，影响范围和影响人群的获取只能针对小比例尺地图上一种类型的点，该类点需要满足以下两个条件：（1）具有影响范围和影响人群属性；（2）所对应的实际设施空间规模较大且为独立建筑，可以利用现有技术获取该区域内部签到点的个数，如大型医院、大型游乐场、商业中心、公园等。2016 年 827 家国家级森林公园对应的点群示例如图 3.3 所示。

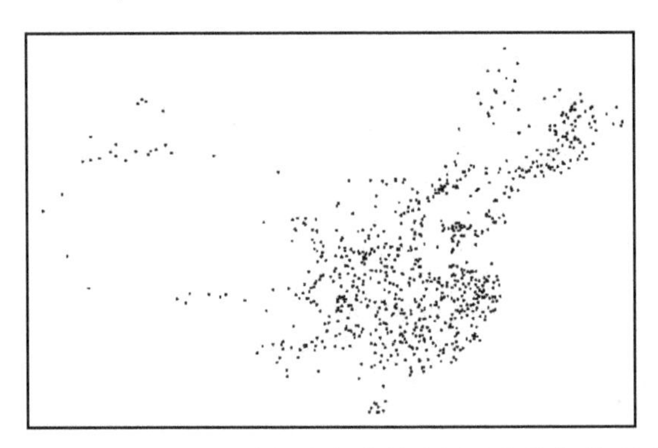

图 3.3　2016 年 827 家国家级森林公园对应的点群示例

3.2　算法原理与流程

3.2.1　算法原理

将点群的影响范围与影响人群作为点群权重的衡量依据，利用新浪微博签到数据得到具有高现势性的相关数据，加工处理后得到如图 3.4 所示的点群的影响范围与影响人群可视化图，其中，点群周围的多边形代表点群的影响范围，影响人群用其多边形的填充颜色表示，颜色越深代表该点对应的影响人群数量越多；在此基础上制定各类信息保持与点群选取策略，实现点群的综合。

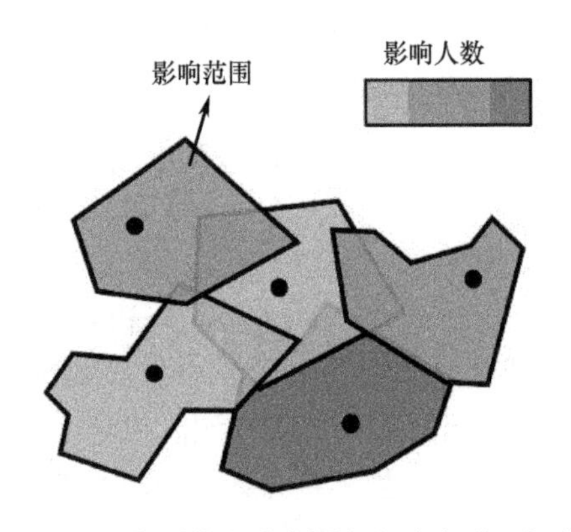

图 3.4　点群的影响范围与影响人群可视化图

3.2.2　算法流程

算法流程如图 3.5 所示，算法主要包括：

（1）点群权重的计算。主要包括点群影响范围与影响人群相关数据的获取、处理及表达。

（2）顾及权重信息的点群综合。主要包括综合过程中各类信息保持策略的制定，约束条件的定义与点群选取方法的描述。

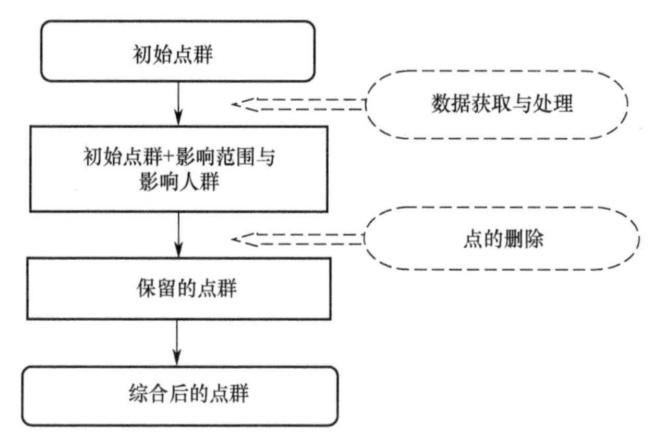

图 3.5　算法流程

下面分别介绍其详细方法与过程。

3.3　点群权重的计算

下面以图 3.6 为例介绍本算法。

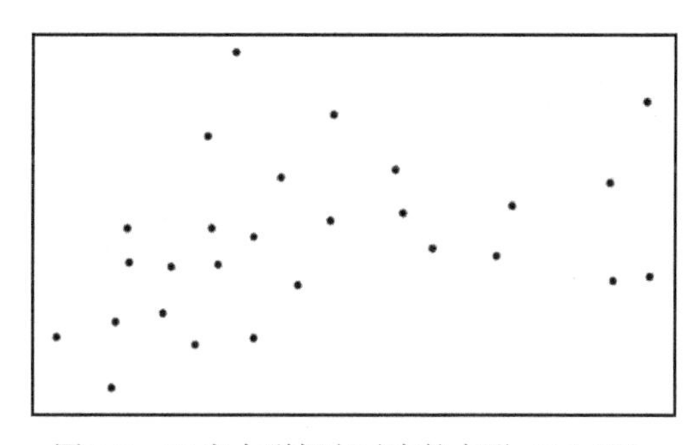

图 3.6　27 家大型超市对应的点群（1:1 万）

3.3.1　影响范围与影响人群数据的获取

算法使用的数据通过新浪微博 API（Application Programming Interfaces）获取。新浪微博 API 是微博开放平台提供的，可供第三方开发者使用的新浪微博产品服务接口。其位置服务接口可以为第三方提供位置服务，通过新浪微博 API 可以方便地获取用户个人资料、微博内容、动态交互及地理位置等信息。

算法中，点群影响范围与影响人群的数据获取方法流程如图 3.7 所示（石光辉，2017）。

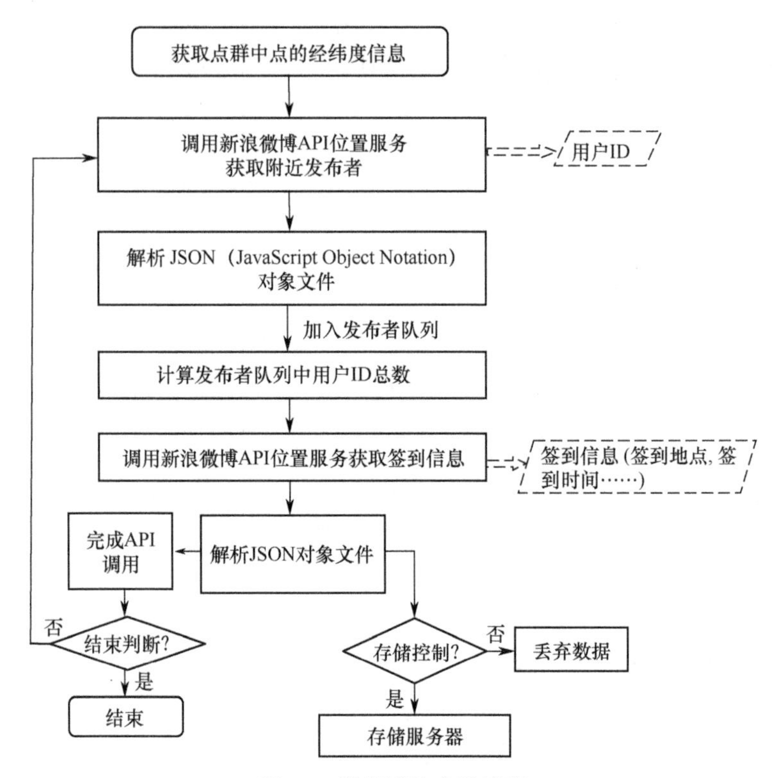

图 3.7　数据获取方法流程

其中，点群的影响人群数量获取方法如下：

步骤 1：首先，获取点群中所有点的经纬度信息；

步骤 2：其次，根据每个点的经纬度信息，调用新浪微博 API 位置附近发布者读取接口，获取该点一定区域范围内微博发布者相关信息（如表 3.1 所示），其中每个用户拥有唯一的 ID；

表 3.1　位置附近发布者（示例）

用户 ID	签到日期	文本	签到地点
28309*****	2017/2/16	疯了，aj6 本来说太古里发	兴业太古里
55125*****	2017/1/26	有点累	湖州 德清县
17733*****	2017/1/12	对自己好一点！	杭州 运河上街

步骤 3：统计一段时间内微博签到用户 ID 的个数，即可近似得到该时间段内点群的影响人群数量。

算法规定，点的影响范围由影响人群来源地所构成的多边形表示。所以，要得到影响范围，则需追踪这些用户 ID 对应用户的常驻地信息，其获取方式描述如下：

步骤 1：调用新浪微博 API 位置签到信息接口，根据用户 ID 查询一段时间（如一个月）内的签到地点详细信息；

表 3.2 签到用户信息（示例）

用户 ID	用户地址	签到时间	签到地点	签到时间	签到地点	…
28309*****	上海	2017/2/25	中国 上海市 徐汇区 徐家汇街区 虹桥路	2017/2/26	兴业太古里	…
55125*****	浙江杭州	2017/1/19	上海东方明珠塔	2017/2/15	上海外滩海湾大厦酒店	…
17733*****	浙江杭州	2017/1/9	杭州市 拱墅区 拱宸桥街区 运河上街	2017/3/3	祥符	…

步骤 2：利用密度聚类方法（Density-Based Spatial Clustering of Applications with Noise，DBSCAN）（Martin E and Kriegel H P，1996）对用户在该时间段内的签到地点进行聚类。因为用户签到数据具有很大的随机性，无法确定聚类数目且没有确定的聚类层次结构，因此综合对比之后选用密度聚类方法，它是一种基于高密度连接区域的密度聚类方法，能够发现任意形状的簇，能够识别孤立点，可以在大型空间数据库中应用，将包含签到点最多的聚类看成是用户经常活动区域，将其聚类中心点定义为该用户常驻地。在上述 DBSCAN 密度聚类方法中，设搜索半径 ε 为 300m，聚类中最少签到点数 Minpts 为 3，判断一个签到点的 ε 距离内签到点的个数是否超过最少签到点数阈值 Minpts，超过则建立一个以此点为中心的聚类簇。用户常驻地判断如图 3.8 所示，包含签到点最多的聚类对应的聚类中心（灰色点所示）即为用户常驻地。

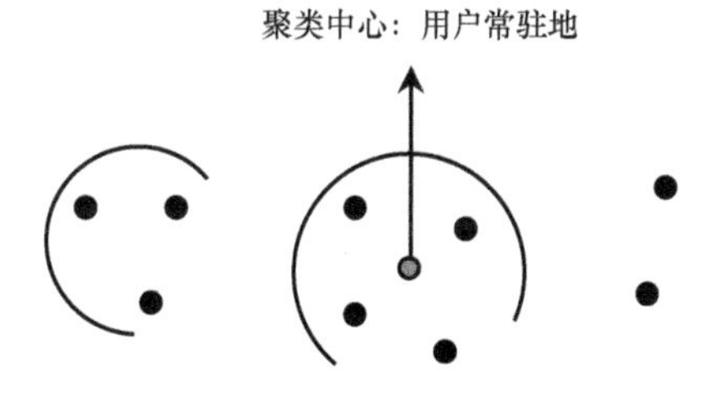

图 3.8 用户常驻地判断

3.3.2 影响范围与影响人群数据的处理

获取影响范围与影响人群相关数据之后，首先要对其数据进行清洗及相关处理，下面介绍其具体方法：

（1）数据清洗

为了得到更精确有效的数据，要求对原始数据进行清洗。算法主要从以下两个方面对有效数据进行提取（邵晓康，2016）：①检验有效性。对数据的有效性进行检查，是否在合理范围之内，例如影响人群数量不能为负；②检验适用性。对于采集到的影响范围数据点，依据其经纬度导入 ArcGIS 分析平台，与研究区范围叠置，将研究区外围的点删除。

（2）影响范围的表示

算法规定，影响范围由影响人群的来源地投影到地图上的点构成的分布边界多边形来表示（黄翌，2013）。其构建过程描述如下：

步骤 1：影响人群来源地会有很大的偶然性，为了避免这种偶然性对范围的影响，记录采集到的人群来源地的出现频率，并将其降序排序，参照置信区间理论舍弃频率最小的 5%的人群来源地点（孙慧玲，2008；Zlokazov V. B.，2014；Wilks S. S.，1938），将剩余采集点投影到平面坐标作为原始点群。

步骤 2：扫描原始点群构建 Delaunay 三角网，再引入动态阈值“剥皮法”构建其分布边界多边形（禄小敏等，2015），即点群的 Delaunay 三角部分，如图 3.9 所示。

(a) 用户来源地点群

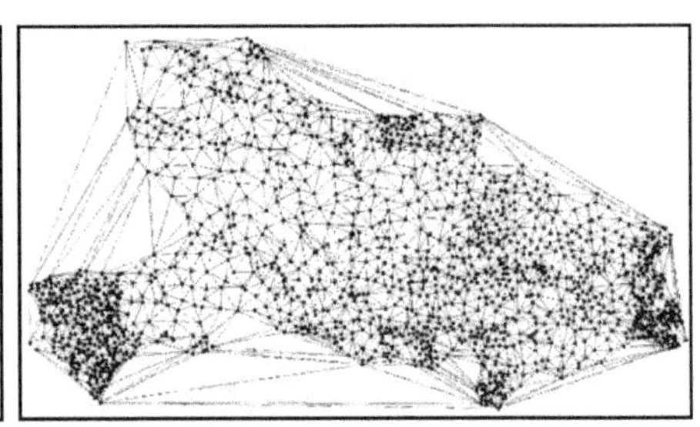

(b) 点群的 Delaunay 三角剖分

图 3.9 点群的 Delaunay 三角剖分

① 设动态阈值 $d = k$*Avelength，其中，k 为剥皮等级（设 $k = 2$），Avelength 为 Delaunay 三角网中所有边的长度平均值，Avelength 的值在每次“剥皮法”之后都会改变，使得阈值 d 的值也在动态改变；

② 比较 Delaunay 三角网中所有外围边（只有一个相邻三角形的边）长度与阈值 d 的大小，若阈值 d 较大，则判断下一条外围边；否则，判断该外围边删除之后其所在三角形另外两边能否与其他边构成三角形，若能，则删除该外围边，否则保留该外围边，判断下一条外围边。

③ 循环执行步骤②，直至 Delaunay 三角网中所有可删除的外围边边长均小于动态阈值 d 为止。

④ 顺次连接“剥皮法”之后的外围边，便构成了该点的影响范围多边形。

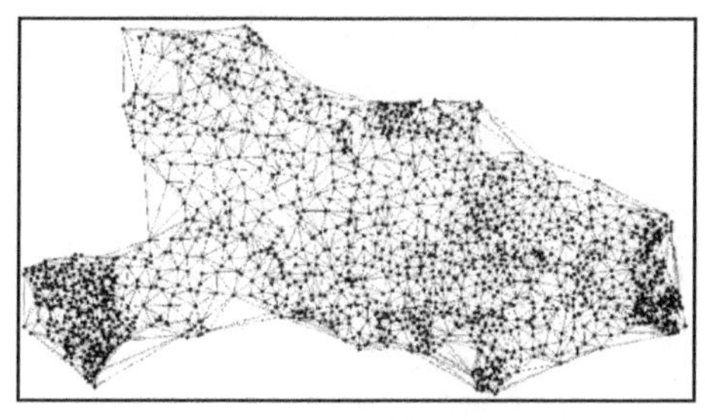

(a) Delaunay 三角网“剥皮”结果

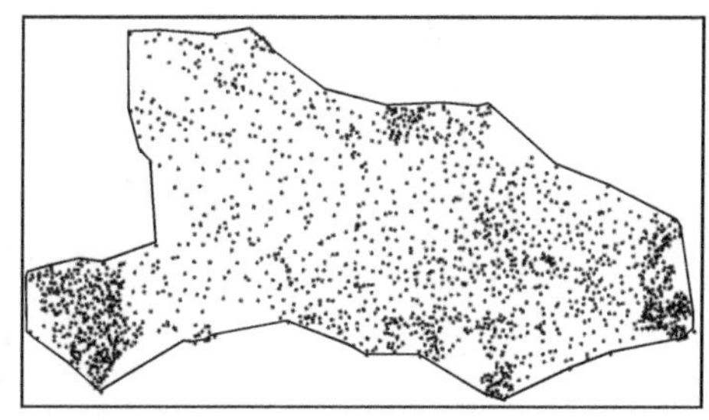

(b) 点的影响范围多边形

图 3.10 影响范围多边形的构建

（3）影响人群数量的表示

影响人群数量的大小由一段时间内访问该点所在区域的人数决定。为了便于表示并减小误差，本算法利用层次聚类算法将各点的影响人群数据进行聚类，使得处于同一簇中的点的影响人群数量差异较小，而位于不同簇之间的点的影响人群数量差异较大。将其表示在地图上，表现为渐变的影响范围多边形填充颜色，颜色越深代表相应点的影响人群数量越多，反之则对应点的影响人群数量越少。

图 3.11 以 A～G 7 个数据的分类为例介绍了层次聚类算法步骤，聚类过程遵循图中标号为 1～6 的步骤进行（Sprenger et al.，2000；Ding and He，2002；Sander J et al.，2003）。

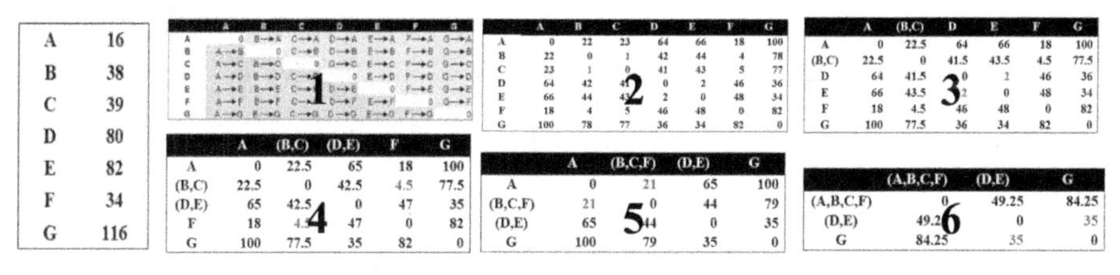

(a) 原数据　　(b) 层次聚类过程（1-6）

图 3.11 层次聚类算法步骤

按照以上思路，对图 3.6 中点群的影响范围与影响人群数据进行模拟，可得到图 3.12 所示的可视化图。由图 3.12 可以看出，点群中每个点都对应一个多边形区域，多边形的面积代表该点影响范围的大小，而多边形的填充颜色代表该点影响人群数量的大小。通过这种可视化图可以清晰直观地得到个体点在整体点群中的重要程度信息，有力地指导后续的点群综合操作。例如图中 A_2 所表示的多边形区域面积较大且填充颜色较深，可以直观地说明该点影响范围较广且影响人群数量较大，其对应的设施点在实际地理空间中服务能力较强，对应的权重较大，在点群综合过程中应当保留；相反地，G_3 代表的多边形区域面积较小且填充颜色较浅，对应的设施点服务范围较小且服务人群数量也较小，在顾及点群拓扑及结果属性保持的基础上，其在综合过程中被删除的概率也相应较大。

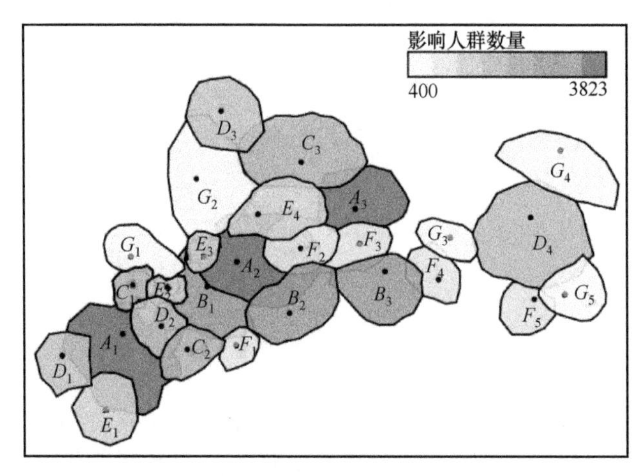

图 3.12　点群影响范围与影响人群的可视化图

3.4　顾及影响范围与影响人群的点群综合方法

3.4.1　点群的信息传输策略

为了在充分顾及点群权重的基础上，保证原始点群信息的正确传输，算法采取了如下策略。

（1）采用开方根定律确定因比例尺变化而综合后的点的数目：

$$N' = N_0\sqrt{\frac{S_0}{S}} \tag{3.1}$$

式中，N_0 表示原始点群数目；N' 表示综合后的点群数目；M_0 表示原始地图比例尺分母；M' 分别表示目标比例尺分母。

（2）将点的权值作为点群选取的基本依据，并遵循“影响范围越大，影响人群数量越多，越容易被保留”的原则进行点的取舍，确保重要的点尽可能多地被保留下来；

（3）在点的删除过程中，遵循“尽量不删除影响范围多边形邻居点”的原则进行点群综合，使点与点之间的拓扑关系尽可能小地改变（王家耀等，2011；李震岳，2012）。

从密度与拓扑关系保持的角度看，在点的综合过程中，应遵循“尽量不删除邻居点”的原则以保持原始点群的局部结构特征（闫浩文，2009）；从服务覆盖面的角度看，为了不造成大片区域的服务空缺，也不应该同时删除某点与其影响范围邻居点。

需要说明的是，影响范围多边形往往不是严格相邻的，它们大多数情况下是相互交叠、相互嵌套的（李震岳，2012；Heitzler M. et al.，2017），可以通过影响范围多边形的相交关系来判断其邻居。

（4）点群综合过程中度量信息的传输是通过点群的分布范围与点的局部相对密度控制的。算法遵循“不同时删除影响范围多边形邻居点”的原则，在保持原始点群拓扑信息的同时尽可能地保持其局部相对密度。值得说明的是，算法在尽可能地顾及其专题信息保持的同时，一定程度上牺牲了点群度量信息的保持。

3.4.2 点群综合过程中约束条件的定义与表达

算法中点的权重由影响范围多边形面积与影响人群数量两个因素决定，在此基础上，将点划分为三种类型：高等级必须保留（Ⅰ型）、低等级直接舍弃（Ⅱ型）、介于两者之间参与选取竞争（Ⅲ型）（杨敏等，2014）。定义两种选取约束条件：

（1）级约束条件

依据影响范围与影响人群数量区分三种类型点，选取过程中保留Ⅰ型点，直接删除Ⅱ型点。其中：

Ⅰ型点：影响范围面积相对较大或影响人群数量相对较多的点；

Ⅱ型点：影响范围面积相对较小且影响人群数量相对较少的点。

Ⅲ型点：点群中除Ⅰ型和Ⅱ型点外的点，此类点要综合各类因素进行判断取舍。

（2）邻近关系约束条件

设点群中所有点的初始状态均为“自由”，在欲删除某一点时，判断其影响范围多边形邻居点是否均为“自由”，若是，则将此点标记为“删除”，同时将影响范围多边形邻居点进行“固定”；否则将“固定”点改为“自由”点，开始下一轮删除操作。

3.4.3 综合过程中点的删除

根据以上约束条件，Ⅱ型点为点群中影响范围与影响人群数量都比较小的点，故本算法在点的取舍过程中采取如下3种策略：

（1）点的选取采用“排除法”，即按照开方根定律，选取指定数量的Ⅱ型点并将其删除，剩余点则构成综合后的结果；

（2）为了实现不同量纲数据之间的比较，分别将影响范围多边形面积和影响人群数量值利用归一化的方法转化为无量纲标量；

（3）建立以影响人群数量为横坐标、影响范围多边形面积为纵坐标的平面坐标系，将归一化的结果表示在该坐标系中，此时权重值较小的点（Ⅱ型点）靠近坐标原点，故采用以原点为圆心画 1/4 同心圆的方法，依次选取权重值较小的点，对其进行判断和删除操作，后面称为“同心圆”法。

点的删除的具体步骤描述如下。

步骤 1：根据开方根定律求得综合过程中欲删除点的数目 n：

$$n = N_0 - N_0\sqrt{\frac{S_0}{S}} \tag{3.2}$$

其中，N_0 为原始点群中点的总数，S_0 为原始地图比例尺分母，S'是目标图比例尺分母；

步骤 2：将每个点对应的影响人群数量与影响范围多边形面积值分别按式（3.3）进行归一化，并将其结果一一对应标示在以影响人群数量为横坐标、影响范围面积为纵坐标的平面直角坐标系中，如图 3.13(a)所示，此时原始点群中每个点的权重属性值对应坐标系中的一个点，称其为权重值点；

$$x' = \frac{x - \min A}{\max A - \min A} \tag{3.3}$$

式中，x 为原始值；x' 为归一化后的结果；$\min A$ 与 $\max A$ 分别是属性值的最小值与最大值。

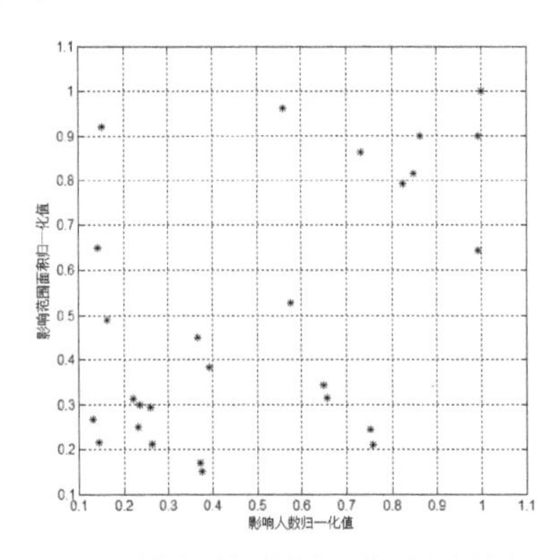

(a) 原始点群权重值归一化后对应的点

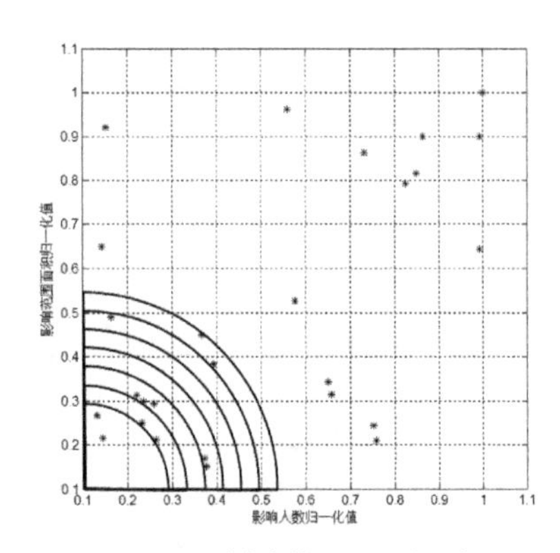

(b) 删除点的“同心圆”法

图 3.13　点的删除方法

步骤 3：以坐标原点为圆心，以权重值点与坐标原点距离的最小值为初始半径在坐标系中画 1/4 圆，并将位于圆弧上的点添加“删除”标记，对其影响范围多边形邻居点添加“固定”标记；

步骤 4：以平面坐标系中权重值点之间的最小平面距离为增量，更新半径值，以原点为圆心在坐标系内画 1/4 同心圆，将其圆弧上及其与前一次的 1/4 同心圆构成的 1/4 圆环内没有任何标记的点添加删除标记，同时对其影响范围多边形邻居点添加“固定”标记，如图 3.13(b)标示了算法中部分同心圆；

步骤 5：比较 n 与被标记为“删除”点的数目大小，若 n 值大，则返回步骤 4；若两值相同，则转步骤 6；否则，将上一轮添加“删除”标记的点去除“删除”标记，按式（3.4）求得这些点的单位面积影响人数 n'_p，并将其升序排序，从前向后依次给序列中 n'_p 值最小的“自由”点添加“删除”标记，并对其影响范围多边形邻居添加“固定”标记，直至被标记为“删除”的点的数目与 n 值相同时转步骤 6；

$$n'_p = \frac{n_p}{s_p} \tag{3.4}$$

式中，n'_p 为 p 点对应的单位面积影响人群数值；n_p 为 p 点对应的影响人群数量；s_p 为 p 点对应的影响范围多边形面积。

步骤 6：在原始点群中删除所有标记为“删除”的平面坐标点对应的点，剩余点群则构成综合结果，算法结束。

3.5 实验与评价

3.5.1 实验

为了验证本算法的可行性与有效性，综合考虑数据获取的可能性与可靠性，算法选取西北某城市部分医院进行实验，如图 3.14 所示，抓取 2016 年全年的新浪微博签到数据，签到数最多的设施点用户数达 9000 多个，最少的只有 100 多个。通过清洗、叠置等处理后得到的点群影响范围与影响人群可视化图如图 3.14(b)所示。原始地图比例尺为 1∶1 万，目标比例尺为 1∶2.5 万。

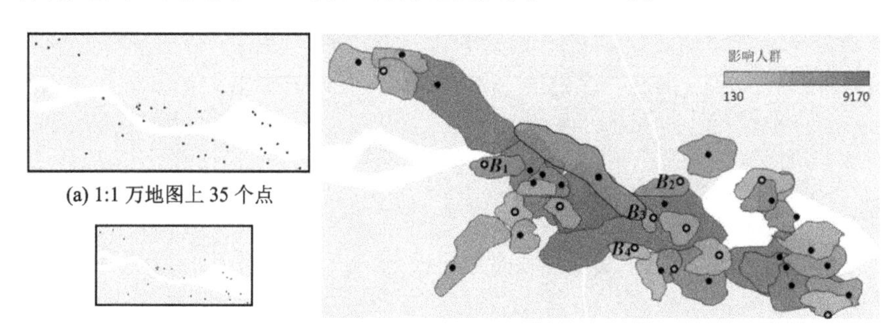

(a) 1:1 万地图上 35 个点

(c) 1:2.5 万地图上 22 个点

(b) 点群的影响范围与影响人群可视化图

图 3.14　实验 1：基于本算法的某城市部分医院对应的点群综合

分析发现，利用本算法综合得到的结果中，被删除的点（即图 3.14(b)中空心点）大都是影响范围较小（对应多边形面积较小）且影响人群数量较少（对应多边形填充颜色较浅）的点；图 3.15 是对于相同点群采用基于加权 Voronoi 图的点群综合算法得到的结果，其中，被删除的点大都是对应 Voronoi 多边形面积较小的点，而 Voronoi 多边形面积的大小受点所处区域点群局部密度的影响，局部密度较大区域（见图 3.15(b)中矩形区域 R_1）的点对应的 Voronoi 多边形面积相对较小。

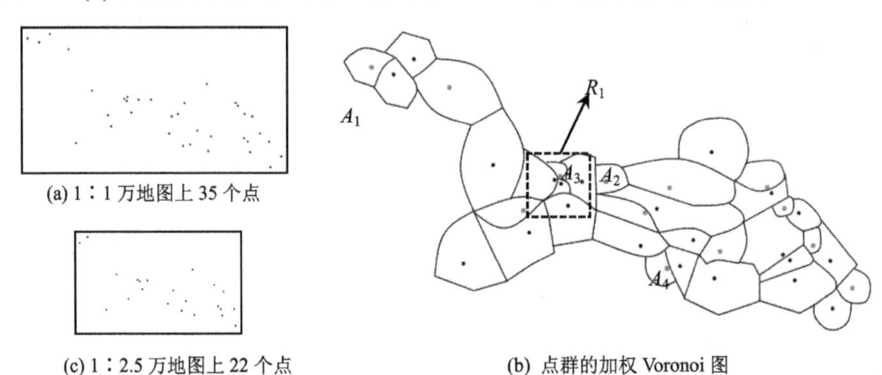

(a) 1∶1 万地图上 35 个点

(c) 1∶2.5 万地图上 22 个点

(b) 点群的加权 Voronoi 图

图 3.15　实验 1 对比实验：基于加权 Voronoi 图的点群综合

综合过程中发现，有一种类型的点群如大型公园、游乐场、宾馆，加油站等，其服务人群来源地具有很大的不确定性，故其影响范围也无法构建与考证。算法规定对于此类点群，利用 Voronoi 图表示其影响范围，而影响人群由对应点的 Voronoi 多边形填充颜色表示。图 3.16 以某市 33 家大型公园为例进行实验，实验抓取了 2017 年 2 月 21 日到 4 月 22 日两个月的微博签到数据。由于抓取时间恰逢旅游淡季，抓取数据最多的公园签到用户数为 962 人，签到数最少的公园对应的用户数仅为 58 人。其中，原始地图比例尺为 1:25 万，见图 3.16(a)，目标地图比例尺为 1:50 万，见图 3.16(c)，在图 3.16(b)中，点群的影响范围用其 Voronoi 图表示，而其影响人群数量用 Voronoi 多边形的填充颜色表示。

(a) 原始点群（1∶25 万）

图 3.16　实验 2：基于本算法的某市几所大型公园对应的点群综合

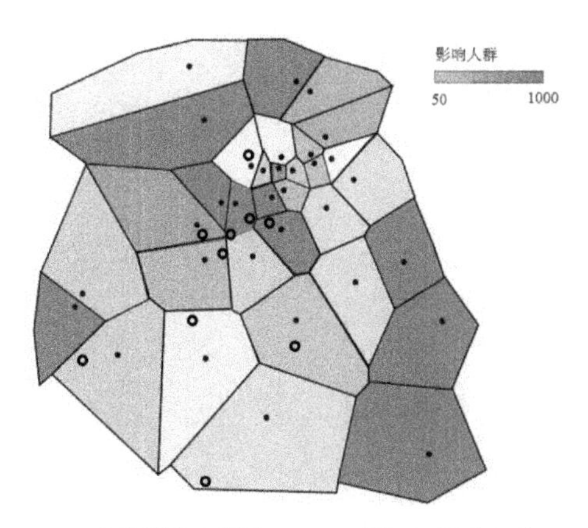

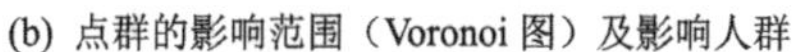

(b) 点群的影响范围（Voronoi 图）及影响人群

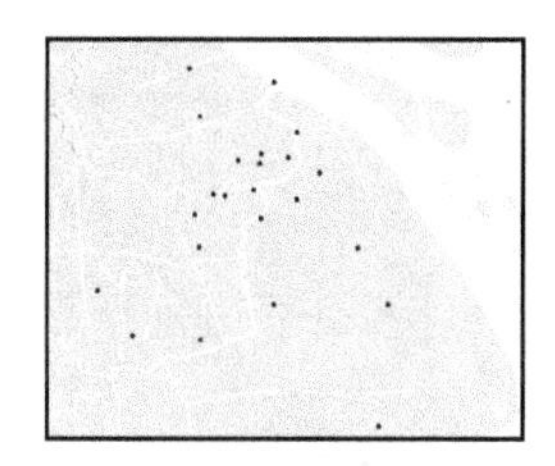

(c) 综合后点群（1:50 万）

图 3.16　实验 2：基于本算法的某市几所大型公园对应的点群综合（续）

同样地，对相同点群数据进行传统的基于 Voronoi 图的点群选取，如图 3.17 所示。在图 3.16 和图 3.17 中，空心点为点群综合过程中被删除的点，通过对比发现，在基于 Voronoi 图的点群综合过程中，点群的保留与否很大程度上取决于点所处局部区域的点群密度，如图 3.17 中 P_1 点对应的鲁迅公园，由于其所处区域局部密度较大，导致其所对应的 Voronoi 多边形面积较小，所以在点群综合过程中其最先被删除；与此类似的还有图 3.17 中点 P_2 代表的吴淞炮台湿地森林公园，在基于 Voronoi 图的点群综合过程中也由于 Voronoi 多边形面积相比邻居点 Voronoi 多边形面积较小而被删除了。在图 3.16 中，上述两点在点群综合过程中均被保留了，原因是两个公园的访问人数较多，利用本算法将点群的影响人群数量纳入点群重要性判断过程，较好地规避了原有算法中点群重要性判断在很大程度上受其所处区域点群局部密度影响的缺陷，顾及了点群实际的服务人群，得到的点群选取结果更加合理。

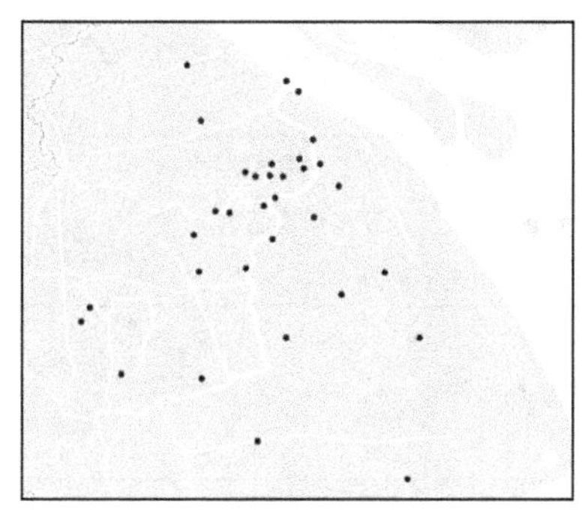

(a) 原始点群（1∶50 万）

图 3.17　实验 2 对比试验：基于 Voronoi 图的点群选取

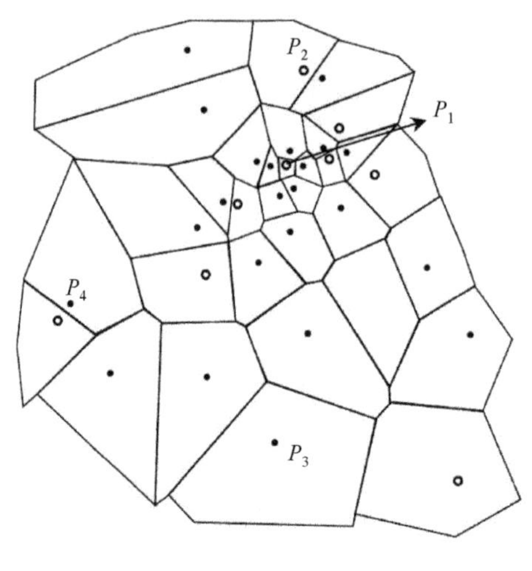

(b) 点群的 Voronoi 图

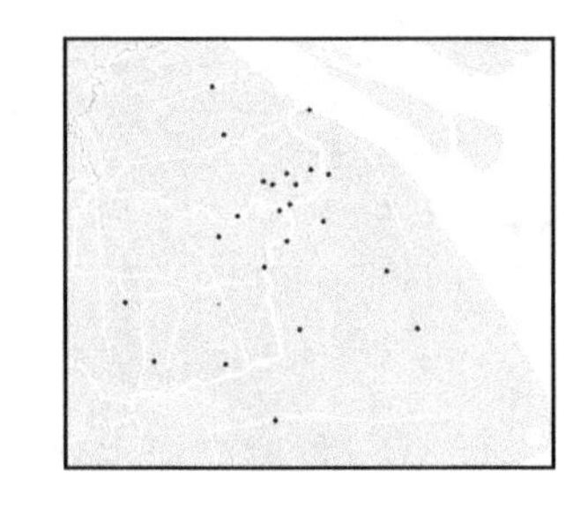

(c) 综合后点群（1∶100 万）

图 3.17　实验 2 对比试验：基于 Voronoi 图的点群选取（续）

3.5.2　算法验证与分析

（1）实验结果定性分析

将本算法（见图 3.14 和图 3.16）与基于 Voronoi 图（包括加权 Voronoi 图与普通 Voronoi 图）的点群综合算法（见图 3.15 和图 3.17）就算法自身及综合结果进行了对比，结果如表 3.3 所示。

表 3.3　本算法与基于 Voronoi 图算法的对比

对比		基于 Voronoi 图的算法	本算法
算法对比		点的权重依据专家经验人为给定； Voronoi 多边形之间无重叠无缝隙	权重由影响范围和影响人群数量决定；影响范围多边形之间会相互重叠、嵌套，也会有缝隙（图 3.13）
综合结果对比	第 1 类点	医院等级较低，对应点的 Voronoi 多边形面积相对较小，被删除（图 3.15(b)中点 A_1）	点群局部密度较小，对应的影响范围较大，被保留
		医院等级与邻居点相同，但受密度与各邻居点权重影响，其点对应的 Voronoi 多边形面积相对较小，被删除（图 3.15(b)中点 A_2）	此点对应一家肺科医院，近年来，影响范围较广，影响人群数量较大，被保留
		医院等级较高，但所处区域局部密度大，对应 Voronoi 多边形面积相对较小，被删除（图 3.15(b)中点 A_3、A_4）	影响人群数量较大，影响范围较大，被保留
		由于局部密度较大，导致公园对应点的 Voronoi 多边形面积较小，在综合过程中被删除（图 3.17 中点 P_1、P_2）	影响人群数量较大，在点群综合过程中被保留

（续表）

对比		基于 Voronoi 图的算法	本算法
综合结果对比	第 2 类点	等级较高，对应 Voronoi 多边形面积相对较大，被保留（图 3.14(b)中点 B_1～B_3）	影响范围较小，影响人群数量也较小，对应的点被删除
		由于点所处位置的局部密度较小，导致公园对应点的 Voronoi 多边形面积较大，在点群综合过程中被保留（图 3.17 中点 P_3）；或者由于其邻居点的 Voronoi 多边形相比与它较小，导致邻居点被删除之后其被保留（图 3.17 中点 P_4）。	由于影响人群数量相对较少，在综合顾及点的影响人群数量及其对应的 Voronoi 多边形面积情况下，在点群综合过程中被删除

（2）定量分析

算法对综合过程中原始点群各类信息的保持程度进行了计算，其中，各类信息的传输评价标准如下。

统计信息：
$$D_s = |N_g - N_o| \tag{3.5}$$
其中，N_g 为综合后点的数目，N_o 为按照开方根定律应该保留的点的数目，D_s 越小，统计信息传输越好；

专题信息：
$$D_{th} = \overline{W_g} - \overline{W_o} \tag{3.6}$$
其中，$\overline{W_g}$ 为综合后点群权重平均值，$\overline{W_o}$ 为综合前点群权重平均值，D_{th} 越大，证明高权重点保留越多，专题信息传输越好；

拓扑信息：
$$D_{tp} = \overline{d_o} - \overline{d_g} \tag{3.7}$$
其中，$\overline{d_g}$ 为综合后的点的原始影响范围多边形邻居个数的平均值，$\overline{d_o}$ 为原始点群中点的影响范围多边形邻居个数的平均值，D_{tp} 越小，拓扑信息传输越好；

密度信息：
$$D_m = \left|\frac{P_o - P_g}{P_o}\right| \tag{3.8}$$
其中，P_g 为综合后的点群分布边界多边形面积，P_o 为综合前的原始点群分布边界多边形面积，D_m 越小，密度信息传输越好。

根据式（3.5）～式（3.8），得到三类实验中各类信息的传输程度量化表示如表 3.4 所示。

表 3.4　算法定量评价比较

实验	地图	D_s	D_{th}		D_{tp}	D_m
			D_{th1}	D_{th2}		
利用本算法所得结果	原始地图（1∶10000） 综合后地图（1∶25000）	0.136	0.206	0.163	2.563	5.396%
利用基于加权 Voronoi 图算法所得结果	原始地图（1∶10000） 综合后地图（1∶25000）	1	0.049	0.003	2.246	2.914%

综合分析以上三类实验并结合表 3.3、表 3.4，对本算法进行分析，可以得到如下结论：

（1）算法研究了点群的影响范围与影响人群，丰富了点群的语义信息，为后续的点群综合提供了较为有力的依据。

（2）算法继承了已有算法的优点，综合后的点群较好地保持了原始点群的各类信息。如表 3.4 所示，①综合后点的数目与理论上应该保留的点的数目近似相等，原始点群统计信息保持良好；②综合后点的影响范围平均值与影响人群平均值均大于综合之前，原始点群专题信息保持良好；③由 D_{tp} 值可以看出，原始点群的拓扑信息保持较好；④可以看出，D_m 值相对较大，是因为算法以点的影响范围与影响人群为依据进行点群综合的同时，一定程度上忽视了点群分布范围与密度的保持。

（3）较好地克服了已有算法的缺陷，从表 3.3 可以对比发现本算法与已有算法相比具有如下优势：①多元实时数据的引入丰富了点的语义信息，影响范围的界定更加符合实际，克服了利用加权 Voronoi 图划分空间覆盖时受密度影响较大的缺陷；②对于相同等级的点群，本算法比加权 Voronoi 图算法更加科学合理；③本算法具有较好的实时性，能为点群的自动综合提供实时的参考，在事物发展变化加速的今天，具有重要的理论与现实意义。

3.6 方法总结

算法首先以新浪微博数据为支撑，通过聚类、Delaunay 三角剖分与动态阈值“剥皮法”处理得到了点群的影响范围与影响人群。并利用分布边界多边形及多边形区域填充颜色可视化表达了点的影响范围与影响人群；在此基础上，利用归一化及“同心圆”思想实现了影响范围与影响人群共同影响下的点群综合；最后，利用两类数据对算法进行实验，第 1 类实验以西部某城市部分医院为例，利用新浪微博签到数据计算了点群影响范围面积与影响人群数量，在此基础上实现了顾及最新权重信息的点群综合；第 2 类实验以某市部分大型公园为例，利用新浪微博签到数据计算了点群影响人群数量，基于点群 Voronoi 图计算了点群影响范围，实现了由于影响人群来源随机性较大而无法确定其影响范围的点群的综合问题。

实验分析表明，本算法较好地保持了原始点群的 4 类信息，尤其是对点群统计信息与专题信息的保持效率明显优于已有算法。同时，克服了已有算法权重值的确定缺乏科学依据及缺乏实时性的缺陷，得到的综合结果更加合理且更具现实意义。除此之外，点群影响范围的构建可以为其他相关领域的研究提供参考，可以有效地运用到如商业区服务范围分析与城市规划等领域；点群的影响人群信息的引入丰富了点群的语义信息，较好地克服了局部分布密度对点群选取结果的影响。

算法主要存在以下两方面的问题。①算法在尽可能顾及点群权重信息的同时，一定程度上忽视了点群分布范围及密度的保持；②数据的完整性与代表性问题：算法在计算并构建点群的影响范围与影响人群过程中，用的是新浪微博签到数据，这些数据多来自一些社交爱好者，不具有全面性，无法准确地表达点群的影响范围与影响人群信息。尤其是对于一些特定的设施，如养老院、托儿所等机构，其影响范围与影响人群数据无法通过微博签到数据获取。这也许是当前利用大数据进行分析处理时普遍遇到的问题。该问题的解决有待于数据获取手段技术的进步及数据共享程度的提高。但该算法的优势在于它具有一定的普适性，即后续研究中可以将本算法所用数据用更加准确、实时且具有全覆盖性的数据替代，利用本算法能够得到更加准确的高现势性点群综合结果。例如，在本算法中可以采用覆盖率较高的手机信令数据，利用设施点所在范围内手机用户数量计算得到该设施点影响人群；根据追踪这些用户一段时间（如一星期）内晚上 0:00—5:00 的位置信息作为用户的居住地，基于用户居住地构建其影响范围多边形。

3.7　小结

本章在系统研究点群影响范围与影响人群的基础上，提出了高现势性点群综合算法，并对其可行性与有效性进行了实验验证。主要包括以下内容：

（1）介绍了点群影响范围与影响人群的概念和高现势性数据获取方式，引入了新浪微博签到数据。

（2）介绍了算法的基本原理与步骤，并按照算法步骤依次描述了影响范围与影响人群数据的获取、清洗及可视化表达、影响范围与影响人群共同决定下的点群选取策略、信息保持方法及点的删除的“同心圆”法。

（3）利用两类实验分别验证了算法的适用性与有效性。

第 4 章　顾及道路网属性信息的点群综合方法

如第 3 章所述，由于数据获取的局限性，顾及影响范围与影响人群的高现势性点群综合算法目前只适用于具有影响范围与影响人群属性且其相关数据可获取的点群。但在地图表达中，很大一部分点群对应的空间地物尽管具有影响范围与影响人群属性，但通常由于规模较小等原因无法通过现有的数据获取手段获得其影响范围与影响人群数据，如地图上以点群形式存在的微型消防站、便利店、饭馆、理发店等。对于此类点群，其辐射范围不仅与点群自身的规模、价格、服务质量等有关，还与其所处的道路网密切相关，道路网的等级、通达性等都会对点群的重要性产生影响。

但是现有的点群综合模型（如基于 Voronoi 图的点群综合方法）一方面没有考虑点与点之间通过网络路径相连这一事实，另一方面没有顾及道路网对点群的约束与影响作用，而在实际地理空间中，作为依附于道路网而存在的地理要素，点群的辐射范围及重要程度与其所在的道路网是息息相关的。例如在图 4.1 中，相同属性特征的点所处的位置及道路网环境不同，其重要程度是不同的（点 P_1 与 P_2）。而已有的点群综合算法对道路网对点群重要性的影响作用鲜有顾及，假设将相同的点群置于不同的道路网中，利用现有的同一种综合方法得到的综合结果是相同的。

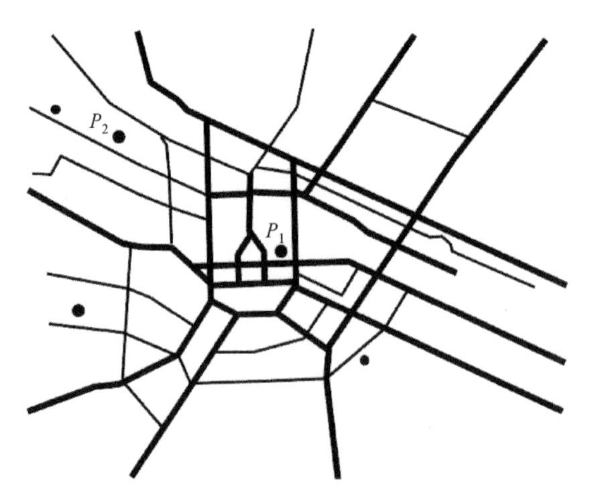

图 4.1　道路网对点群重要性的影响

4.1 点群权重衡量因子的选取

为了克服已有算法在点群综合过程中没有顾及道路网对点群权重的影响作用的缺陷，引入基于点群之间网络连接路径而建立的网络加权 Voronoi 图作为点群权重计算及判断的重要依据。

网络加权 Voronoi 图中，点与点之间通过实际网络路径距离相连。同时，其构建过程中可以融入道路等级及连通方向等因素，与平面 Voronoi 图相比，网络加权 Voronoi 图更适用于道路网约束下的空间分析与处理，它无疑是划分点群辐射范围更为合理、精确的方法。因此算法将网络加权 Voronoi 图引入点群综合，以期在顾及点群自身及与其相关联的道路网属性基础上，实现权重的计算及点群综合。下面先介绍网络加权 Voronoi 图以及以此为基础的点群权重表达与计算。

4.1.1 网络加权 Voronoi 图

（1）Voronoi 图

计算几何是地理信息系统的重要支撑技术之一，其中涉及的概念如 Delaunay 三角剖分、凸壳、Voronoi 图等已被广泛运用到了诸多研究领域（应申等，2005）。

Voronoi 图的实质是相邻点连线的垂直平分线所围成的多边形区域，如图 4.2 所示。其数学定义为：

$$V\left(P_i\right)=\left\{P \mid d\left(P,P_i\right)<d\left(P,P_j\right), j\neq i, j=1,\cdots,n\right\} \tag{4.1}$$

其中，P_1，…，P_n 为二维平面空间中的有限个已知点，P 为平面内任意位置点，$V(P_i)$为第 i 个点对应的 Voronoi 多边形。

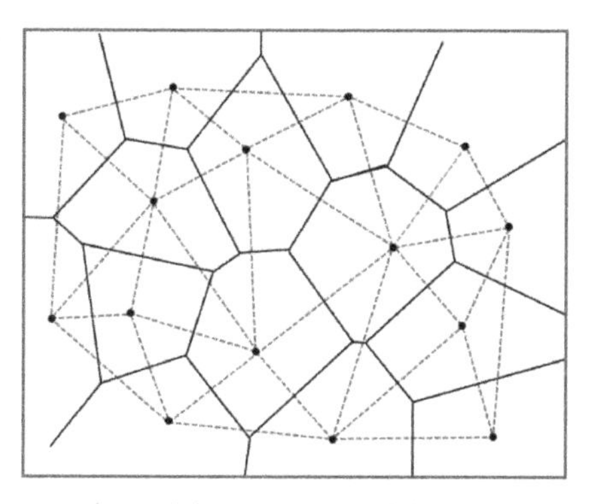

图 4.2　Voronoi 图

作为空间分析与空间优化的重要理论工具。Voronoi 图凭借它在空间划分等各种问题中分析中的优势，已被应用到了如空间服务范围判断、城市规划选址、竞争性空间剖分与群点密度分析等诸多领域。最具代表性的有气象学家 A. H.

Thiessen（1911）以气象站作为点群，为每个点创建了等分性质的多边形，并将其命名为泰森多边形。朱渭宁等（2004）利用投影加权 Voronoi 图构建了 GIS 空间竞争分析模型（朱渭宁，2004）；艾廷华等（2002）利用 Voronoi 图以及 Delaunay 三角剖分实现了点群的化简；闫浩文，郭仁忠（2003）利用 Voronoi 图构建了空间方向关系描述模型；李光强等（2008）利用 Voronoi 图构建了空间事务数据库；邹亚锋等（2012）利用加权 Voronoi 图实现了居民点布局的优化。除此之外，Voronoi 图在几何形体重构、计算机图形学、机器人运动规划及物理、化学、分子生物学中都有不同的运用。互联网上有专门面向 Voronoi 图的网站 http://www.Voronoi.com，其中介绍了 100 多个与 Voronoi 应用相关的网页与链接。

可以看出，Voronoi 图对空间的剖分是建立在空间地物之间的几何距离基础上的。在传统的欧式平面上，Voronoi 图将空间划分为若干个多边形区域，其中，每个多边形区域内部仅包含一个空间目标，且多边形内部所有的点距离该空间目标比距离其他空间目标要近，如图 4.2 所示。即 Voronoi 图由距离空间目标最近点的空间轨迹构成（Gold C，1991，1992；Okabe，et al.，1992；陈军，2002；赵仁亮，2002）。这种 Voronoi 图被称为基于欧氏距离的二维平面 Voronoi 图；除此之外，赵学胜等（2002）、童晓冲等（2006）提出了基于三维球面距离的球面 Voronoi 图。为了满足各种不同需要，在 Voronoi 图基础上产生了加权 Voronoi 图与网络 Voronoi 图等，如图 4.3、图 4.4 所示。

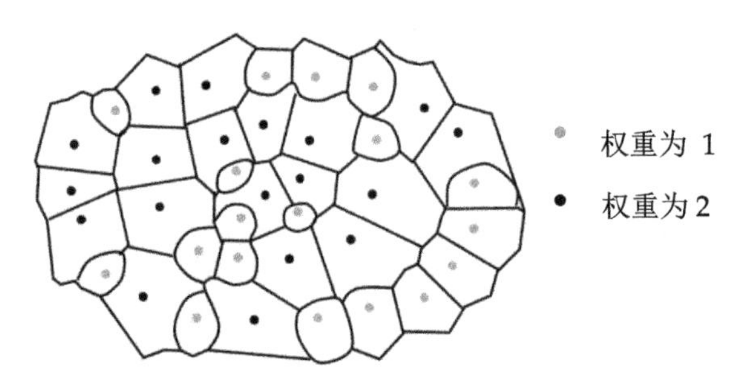

图 4.3　加权 Voronoi 图

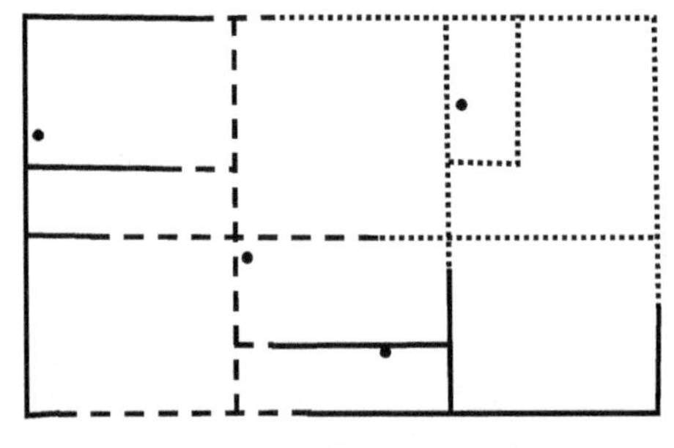

图 4.4　网络 Voronoi 图

（2）网络加权 Voronoi 图

网络 Voronoi 图是 Voronoi 图的特例。在网络 Voronoi 图中，平面 Voronoi 图被转移到网络空间，移动对象的运动被限制在连接两点的网络路径上，空间距离度量由欧氏距离变为网络路径距离，其对应的图划分结构也会发生相应变化，因为在网络空间中，信息流、物质流都是借助道路网而传输的。Okabe A.，et al.（2008）将网络 Voronoi 图定义为子网络集合，其数学定义为

$$\mathrm{Vor}=\left\{\mathrm{Vor}_1,\mathrm{Vor}_2,\ \cdots\ ,\mathrm{Vor}_n\right\} \tag{4.2}$$

其中，$\mathrm{Vor}_i=\{P|\ d(P, P_i)\leqslant d\ (P, P_j)\}$，$d(P, P_i)$为网络空间中任一点 P 与发生元 P_i 之间的实际网络路径距离。

将点群属性和道路网方向、等级等属性信息纳入网络 Voronoi 图的构建过程，则构成网络加权 Voronoi 图。相比平面 Voronoi 图，网络加权 Voronoi 图是对进行网络空间剖分较为准确的方法，它更适用于道路网约束下的空间行为与现象分析（艾廷华等，2013；Okabe A.，et al.，1997；Ratcliffe et al.，2002；Xie，2008）。由于网络 Voronoi 图在空间分析中的优势，其已被应用到了诸多领域。王新生等（2008）在网络 Voronoi 图基础上研究了商业网点的市场域划分；谢顺平等（2009）借助网络加权 Voronoi 图分析研究了南京市商业中心的辐射域；谢顺平等（2011）提出了一种基于网络 Voronoi 图与粒子群算法的空间优化算法；涂伟等（2014）利用网络 Voronoi 图实现了大规模仓库物流配送的路径优化。

4.1.2 点群权重因子选取

通过网络加权 Voronoi 图，点群所关联的道路网及其所在空间（如图 4.4 中不同类型线段代表的道路网及其所在空间）被划分给了点群中所有的点，每个点对应的扩展路段所在的区域便构成了点群的网络 Voronoi 多边形（如图 4.5 中灰色多边形即为点 P_1 对应的网络 Voronoi 多边形）。网络 Voronoi 多边形面积的大小受其对应的点及其道路网属性的影响，可以用于代表对应点的辐射范围，同时，网络 Voronoi 多边形内部的道路段是在构建网络加权 Voronoi 图过程中，每个点“抢占”的道路段。所以，算法将每个点对应的网络 Voronoi 多边形面积及其内部道路段总长度作为点群权重的衡量依据，在此基础上进行点群综合。

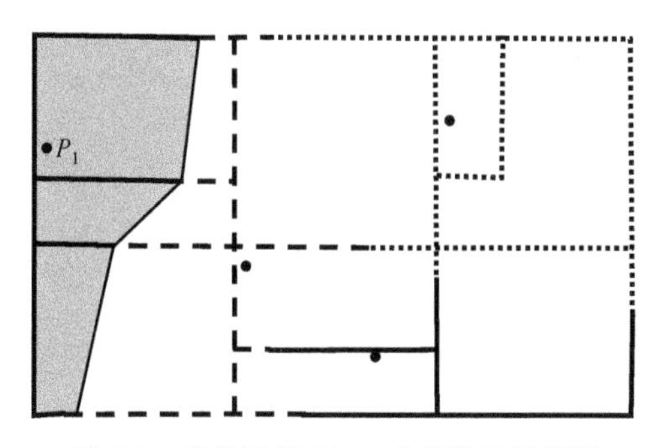

图 4.5　点的网络 Voronoi 多边形示意图

4.2 算法原理与流程

4.2.1 算法原理

算法的基本原理为：在分析比较已有的网络加权 Voronoi 图构建方法的基础上，借鉴文献（艾廷华等，2013）所提出的水流算法理论，利用 PCNN 的并行处理及自动波发放特性，在改进 PCNN 模型的基础上实现点群网络加权 Voronoi 图的构建；在网络加权 Voronoi 图中，点群关联的道路网及其所在的空间被划分给了点群中各个点，每个点代表的神经元发出的自动波经由的路段及所在空间即为该点的势力范围，这个范围可以表现为一个由自动波传输经由路段构成的多边形区域，该多边形区域即为点群对应的网络 Voronoi 多边形，将该多边形的面积及其内部所有道路段的长度之和作为衡量对应点权重的依据；在此基础上，制定点群综合过程中各类信息的传输策略与约束条件，最后，实现基于网络加权 Voronoi 图的点群综合。

4.2.2 算法流程

算法的基本流程如图 4.6 所示，可以看出，算法的基本步骤包括：

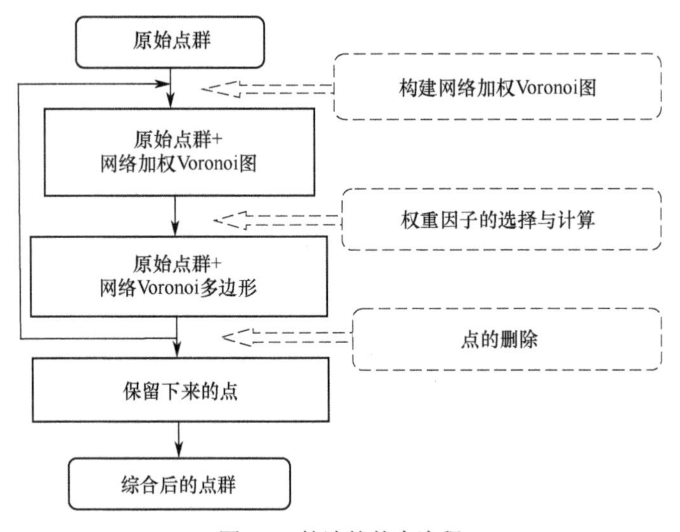

图 4.6 算法的基本流程

步骤 1：网络加权 Voronoi 图的构建。主要包括 PCNN 的概念与性质，改进 PCNN 模型的基本原理，基于改进 PCNN 的网络加权 Voronoi 图构建算法及其实验与对比讨论。

步骤 2：算法中权重的确定与计算。主要包括网络加权 Voronoi 图基础上网络

Voronoi 多边形的构建，权重影响因子的确定和权重的计算。

步骤 3：点的删除。主要包括综合过程中信息保持策略的制定，约束条件的定义及点群的取舍。

后文将对以上步骤详细过程展开阐述。

4.3 网络加权 Voronoi 图的构建

已有的网络 Voronoi 图构建算法可以分为两类。一类算法基于图的最短路径思想进行网络 Voronoi 图构建，Okabe A.，et al.（2008）基于最短路径树，提出了各种类型发生元的网络 Voronoi 图构建算法；另一类算法则借助数学形态学扩充算子进行网络 Voronoi 图构建，Chen（2010）利用平面栅格化思想及数学形态学扩充算子实现了网络 Voronoi 图的构建。两类算法在构建过程中均未能很好地顾及影响点群辐射范围的约束条件。本算法在融合已有两类算法思想的基础上，将可能影响点群辐射范围的道路网权重等因素纳入网络 Voronoi 图的构建过程，借助 PCNN 可以被应用于生长元同时向四周生长的情形的特性，实现了点群网络加权 Voronoi 图的构建。

4.3.1 改进的 PCNN 模型

（1）PCNN 模型

标准 PCNN 也称为第三代人工神经网络，是一种基于生物背景的神经网络（Eckhorn R，et al.，1989；于海慧，2015）。它是基于哺乳动物视觉皮层脉冲发放现象建立的，见图 4.7，突触负责接收外部刺激，而后通过树突传递给内部胞体。内部胞体判断是否发放脉冲，当内部活动项 U 大于活动阈值时，神经元被激发，产生脉冲发放现象。

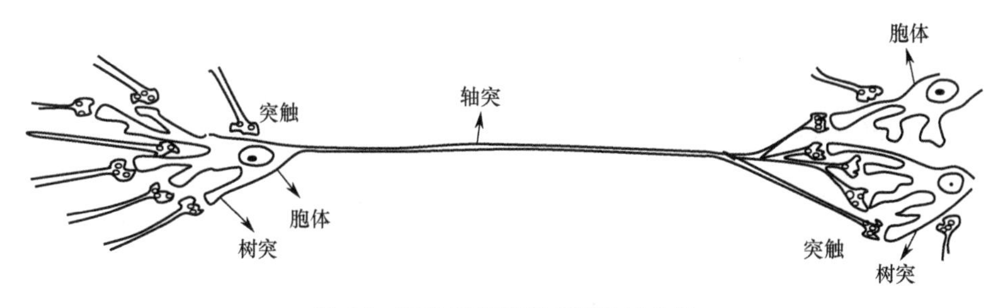

图 4.7 哺乳动物视觉皮层脉冲发放

每个神经元由三部分组成，分别为接收域、连接调制域及脉冲产生域（Johnson L.，et al.，1998；Johnson L.，et al.，1999；Lindblad T.，et al.，2005）。如图 4.8

所示，其数学描述如下：

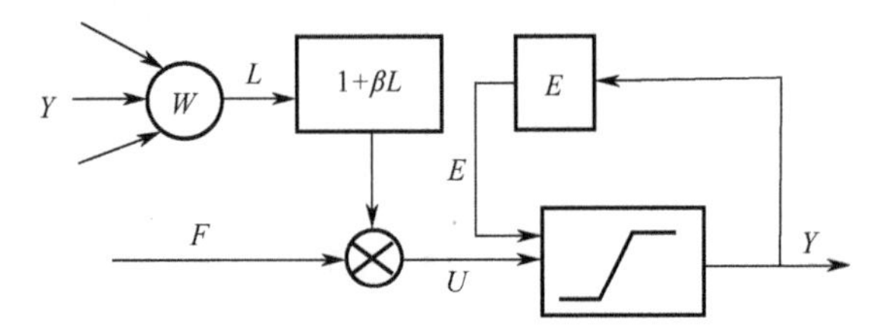

图 4.8　PCNN 神经元结构

接收域将接收到的输入通过两条通道进行传输，一个通道称为 F 通道，用于接收包含外部输入信号的馈送输入，其运算关系为

$$F_{ij}[n]=e^{-\alpha_F}F_{ij}[n-1]+V_F\sum_{kl}M_{ijkl}Y_{kl}[n-1]+I_{ij} \tag{4.3}$$

另一个通道为 L 通道，用于接收来自其他神经元的连接输入，其运算关系为

$$L_{ij}[n]=e^{-\alpha_L}L_{ij}[n-1]+V_L\sum_{kl}W_{ijkl}Y_{kl}[n-1] \tag{4.4}$$

式（4.3）、式（4.4）中 M_{ijkl} 与 W_{ijkl} 为内部连接矩阵，α_F 与 α_L 分别为 $F_{ij}[n]$ 与 $L_{ij}[n]$的衰减时间常量，V_F 与 V_L 分别为馈送与连接常量，I_{ij} 为第（i，j）个神经元接受的外部刺激。

在连接调制域馈送输入和连接输入要经过内部调制后产生内部活动项，其运算关系为

$$U_{ij}[n]=F_{ij}[n](1+\beta L_{ij}[n]) \tag{4.5}$$

神经元的脉冲生成器根据内部活动项 $U_{ij}[n]$与阈值的大小比较产生二值输出，同时根据当前神经元点火与否的状态自动调整阈值大小，具体关系为

$$Y_{ij}[n]=\begin{cases}1, & U_{ij}[n]>E_{ij}[n]\\ 0, & \text{其他}\end{cases} \tag{4.6}$$

$$E_{ij}[n+1]=e^{-\alpha_E}E_{ij}[n]+V_EY_{ij}[n] \tag{4.7}$$

（2）改进的 PCNN 模型

标准 PCNN 模型的迭代过程复杂，且其活动阈值指数衰减特性也会使自动波的传播方式难以控制。故为了使算法更适用于网络 Voronoi 图构建，对标准 PCNN 进行了改进，改进的 PCNN 模型结构如图 4.9 所示，其数学表达式如下：

$$E_{p_m}[n+1]=\begin{cases}V_E, & Y_p[n]=1\\ \min(S[n]+W_{qp}[n],E_p[n]), & Y_p[n]=0,Y_q[n]=1\ \text{且}\ p\in R_q\\ E_p[n], & \text{其他}\end{cases} \tag{4.8}$$

$$S[n+1]=S[n]+\Delta S[n] \tag{4.9}$$

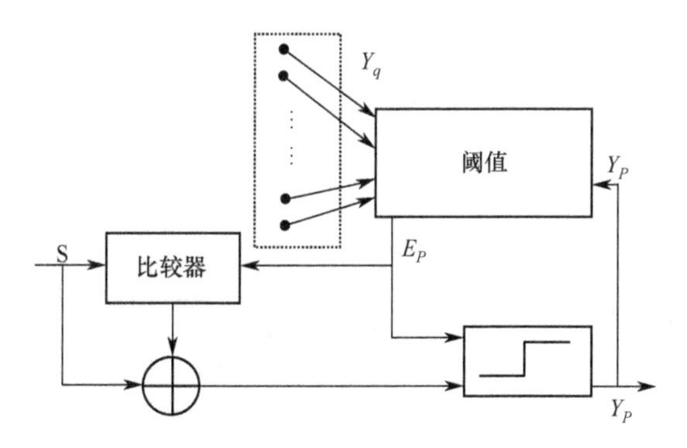

图 4.9　改进的 PCNN 模型结构

$$Y_p[n+1]=\begin{cases}1, & S[n+1]\geqslant E_p[n+1]\\ 0, & 其他\end{cases} \tag{4.10}$$

$$W_{qp}[n+1]=\begin{cases}V_E, & Y_p[n+1]=1 且 p\in R_q\\ W_{qp}[n], & 其他\end{cases} \tag{4.11}$$

式（4.8）～式（4.11）中，n 代表迭代次数；E_p 为神经元 p 的动态阈值；V_E 代表一个较大常量；ΔS 为当前自动波波速；S 为初始神经元到当前迭代的自动波长度；Y_p 代表神经元点火状态；W_{pq} 为神经元 p 到神经元 q 的连接权重；R_q 为神经元 q 的邻域集合。

改进后的 PCNN 模型基本原理如下：①将点群中所有点和道路网所有节点设为神经元，其中，点群中所有点为初始神经元；②综合考虑点群及相关联道路网重要程度等因素，计算由每个初始神经元发出的自动波在各道路网弧段上的传输速度；③由初始神经元发出的自动波按照计算所得波速沿着其关联的道路网不断迭代地向外传输，并行地寻找其与相邻神经元之间的最短路径，直至所有的神经元均被点火且正在传输的自动波传输停止。至此，每个初始神经元在寻找最短路径过程中传输经由的路径子集，则构成点群的网络加权 Voronoi 图的几何构造。

4.3.2　改进 PCNN 模型支持下的网络加权 Voronoi 图构建

算法利用上述改进 PCNN 模型构建网络加权 Voronoi 图，通过不同神经元发出的自动波的传输以实现空间剖分的目的，其具体过程是：①初始化。首先，将点群中所有的点投影到相应的道路段上，并提取所有的投影点及道路网中所有的节点作为神经元，其中，设点群的所有投影点对应的神经元为初始神经元；其次，建立神经元对之间的连接关系矩阵。②以点群权重、道路网权重与方向作为衡量指标，计算所有初始神经元发出的自动波波速（ΔS）。③所有初始神经元同时发出自动波，沿着相关联的道路网并发地寻找神经元间的最短路径，直至所有的神经元均被点火且正在传输的自动波传输停止。其算法流程如图 4.10 所示。

（1）初始化

算法的初始化包括点群投影和神经元间连接关系的建立两部分。

① 点群投影

算法中，作为初始神经元的点群发出的自动波是沿着相关道路网传输的，所以首先要把点群投影到对应的道路段上，点群的投影如图 4.11 所示。以点 P_1–P_2 为起始点，分别作其邻近道路段的垂线，将垂距最短的垂线与道路段的交点视为该点的投影点，特别地，若一点与其周围两条或以上道路段距离相等，则将其垂线与权重值较高（等级较高，若等级相同则长度较大）的道路段交点视为该点的投影点。如图 4.11 中点 $P_1'-P_2'$ 所示。

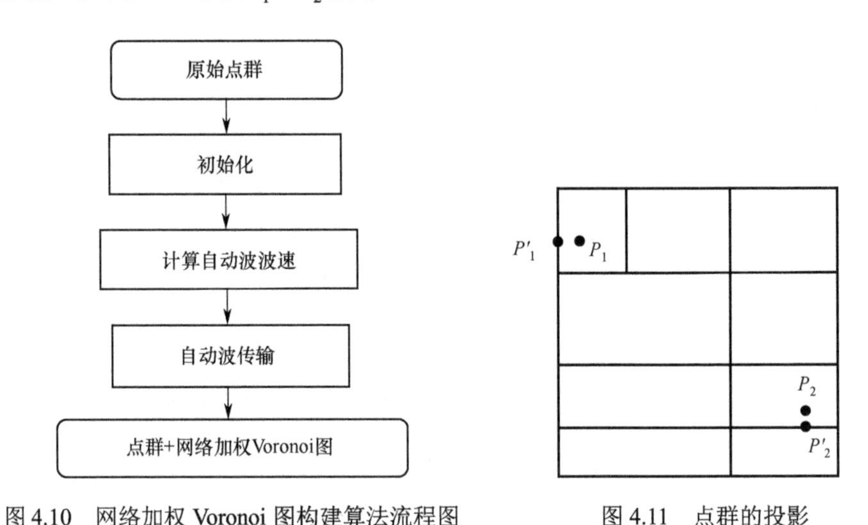

图 4.10　网络加权 Voronoi 图构建算法流程图　　图 4.11　点群的投影

② 神经元间连接关系的建立

在改进模型中将原始点群的投影点设为初始神经元，并将道路网所有节点设为神经元，建立神经元间的两两对应关系（Li Xiaojun，et al.，2012），得到如式（4.12）所示的神经元对连接关系矩阵，其中 n 为神经元总数，w_{ij} 为神经元 i 与神经元 j 的连接权重，若神经元 i 与神经元 j 之间有连接路段，则 w_{ij} 取值为该路段长度；若神经元 i 与神经元 j 之间无连接路段，则 w_{ij} 取值为无穷大。

$$\boldsymbol{W}=\begin{bmatrix} w_{11} & w_{12} & \cdots & w_{1n} \\ w_{21} & w_{22} & \cdots & w_{2n} \\ \vdots & \vdots & \ddots & \vdots \\ w_{n1} & w_{n2} & \cdots & w_{nn} \end{bmatrix} \tag{4.12}$$

（2）改进 PCNN 模型运行

首先对网络参数进行初始化：将点群中所有点的映射点设置为初始神经元 b，

且均为点火状态，即 $Y_b[0]=1$；将其相邻神经元 p 的母节点（若神经元 q 点火可能或者已经导致神经元 p 点火，则称神经元 q 为 p 的母节点）设置为 b，即 $\text{par}(p)=b$；设置迭代次数 $n=0$；V_E 为一个常量，且 $V_E>(N-1)W_{\max}$，其中，N 表示神经元总数，$W_{\max}$ 为神经元连接权重的最大值；动态阈值初始值 $E_p[0]=V_E$，其他神经元均未点火，即 $Y_p[0]=0$，波长初始值 $S[0]=0$，自动波波速 $\Delta S=1$。

其次，改进的 PCNN 模型运行。具体步骤如下：

步骤 1：按照式（4.8）计算迭代动态阈值 $E_p[n+1]$；

步骤 2：按照式（4.9）计算当前自动波波长 $S[n+1]=S[n]+\Delta S[n+1]$；

步骤 3：根据式（4.10），比较当前动态阈值 $E_p[n+1]$与自动波波长 $S[n+1]$值的大小，若 $S[n+1]\geqslant E_p[n+1]$，则 $Y_P[n+1]=1$，即 p 点在第 $n+1$ 次迭代中成功点火；否则 $Y_p[n+1]=0$；

步骤 4：按照式（4.11）更新当前连接权重值 $W_{qp}[n+1]$；

步骤 5：转至步骤 1，重复以上步骤，直至所有的神经元均被点火且正在传输的自动波传输停止时迭代结束。

图 4.12 为图 4.11 中自动波传输结束时的状态，对于点 P_1、P_2 及其关联道路网，将点 P_1、P_2 投影到点 P_1'、P_2'，并设其为初始神经元，$Y_{P1}[0]=1$、$Y_{P2}[0]=1$，自动波从神经元 P_1'、P_2' 同时出发，波速 $\Delta S=1$。对于点 P_1'：设置 u_1、u_4 的母节点为 P_1'，第 1 次迭代时自动波长度为 1，神经元 u_4 点火，且神经元 u_5 和 u_7 的母节点更新为 u_4；第 3 次迭代时自动波长度增加为 3，神经元 u_1 点火，且神经元 u_2 的母节点更新为 u_1；第 4 次迭代自动波长度增加为 4，神经元 u_5 点火，且神经元 u_6 的母节点更新为 u_5；第 6 次迭代自动波长度增至 6，神经元 u_2、u_7 同时点火，且神经元 u_3 的母节点更新为 u_2、神经元 v_5、u_8 的母节点更新为 u_7，同时，由于神经元 u_2 的点火，导致由 P_1'发出的另外一个方向的自动波传输至 b_1 点时自动波停止传输，因为其前方的神经元 u_2 已被成功点火；第 9 次迭代，神经元 u_6、u_8 点火，且神经元 u_3、v_7、v_5 的母节点更新为 u_6，神经元 v_3、u_9 的母节点更新为 u_8；第 11 迭代，神经元 u_3、u_9 点火，且神经元 v_8 的母节点更新为 u_3，神经元 v_1 的母节点更新为 u_9，同时，由于神经元 u_3 的成功点火，导致另一个方向上的自动波传输至 b_2 点时停止传输。对于点 P_2'：第 1 次迭代时自动波长度为 1，神经元 v_4 点火，且神经元 v_2 和 v_6 的母节点更新为 v_4；第 3 次迭代时自动波长增加为 3，神经元 v_2 点火，且神经元 v_1 的母节点更新为 v_2；第 4 次迭代时自动波长增至 4，神经元 v_6 点火，且神经元 v_5、v_7 的母节点更新为 v_6；第 5 次迭代时自动波长度增至 5，神经元 v_3 点火，且神经元 v_1、v_5、u_8 的母节点更新为 v_3；第 7 次迭代时，神经元 v_1 点火，且神经元 u_9 的母节点更新为 v_1，同时，由于神经元 v_1 被点火，另一个方向上的自动波传输至点 b_3 时停止传输；第 8 次迭代时，神经元 v_5 点火，且神经元 u_6、u_7

的母节点更新为 v_5，同时，由于神经元 v_5 被点火，另一个方向上的自动波传输至点 b_4 时停止传输；第 9 次迭代时，神经元 v_7 点火，且神经元 u_6、v_8 的母节点更新为 v_7；第 13 次迭代时，神经元 v_8 点火，且神经元 u_3 的母节点更新为 v_8，此时，由 P_1' 发出的自动波传输至 O 点，因为神经元 v_8 的点火，导致由初始神经元 P_1' 与 P_2' 发出的自动波传输均停止，迭代结束。

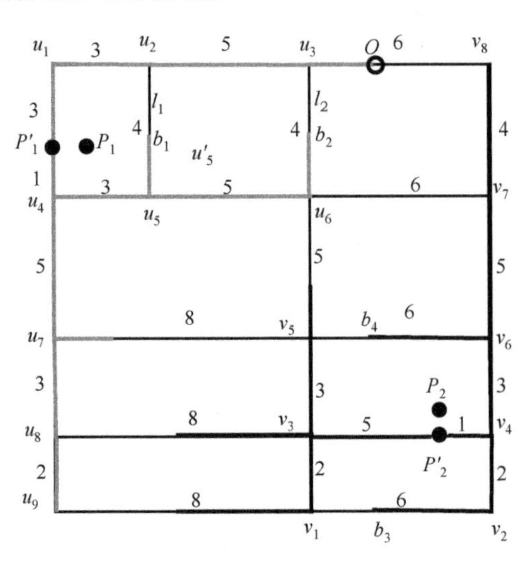

图 4.12　自动波传输结束时的状态

图 4.12 中灰色线条代表由 P_1' 作为初始神经元的自动波传输经由的路段，黑色粗线条代表由 P_2' 作为初始神经元的自动波传输经由的路段，黑色细线条为自动波传输未经由的路段，通过以上分析可知，自动波传输未经由路段的产生是由于在传输过程中，自动波沿着神经元间的最短路径传输，当发现该路段方向上前方神经元已被激活，则认为由初始神经元到该神经元的最短路径已经被找到，该路段上的其他传向该神经元的自动波会随即停止传输。可见，最短路径思想的引入不仅符合 Voronoi 图中最短距离的性质，而且会减小构建网络 Voronoi 图的时间复杂度。

（3）网络加权 Voronoi 图的构建

可以看出，图 4.11 中的点群及相关联的道路网都被视为没有重要性之分的，表现为不同点对应的初始神经元发出的自动波在不同道路段上传输的速度都是相同的。但在实际地理空间中，点群的辐射范围受点群属性等因素的影响，点群越重要，其辐射范围相应越广；除此之外，点群相关联的道路等级等对点群辐射范围也有较大影响，点群相关联的道路网等级越高，连通性越好，则对应点群的辐射范围一般也较大。在算法中，这些影响可以描述为：

① 点的属性。一般来说，点的自身属性如规模大小等都会对其辐射范围产生

影响。权重越大，其对应的辐射范围也越广。例如，在地图上以点群形式存在的商场，其辐射范围受商场规模、商品价格等属性的影响。在算法中表现为点的权重值越大，以其为初始神经元的自动波传输速度越快，表示为

$$L_B = kW(p) \tag{4.13}$$

其中，L_B 为由该点发出的自动波波速，k 为权重为 1 的初始神经元在道路段上的传输速度，$W(p)$表示该点的权重函数。

② 道路段等级。不同等级道路通行能力具有一定差异，道路等级越高，其通行能力越强，相关联的点群辐射范围也较广。算法为不同等级的道路设置不同的权重值，如设二级道路权重值为 1，一级道路权重值为 2，若二级道路段上经由的自动波波速为 v_r，则一级道路段上经由的自动波传输速度为 $2v_r$。用公式表示为

$$L_B = kW(r) \tag{4.14}$$

其中，L_B 为该路段上自动波传输速度，k 为权重为 1 的道路段上神经元的传输速度，$W(r)$表示该弧段所在道路段的权重函数。

③ 道路段方向。算法将道路段通达方向纳入网络加权 Voronoi 图生成的限制条件中，判断当前自动波方向与道路段通达方向是否一致，如果二者不一致，则该自动波不能沿着该方向在道路段上传输，否则该自动波可以在该道路段上沿着该方向传输。表示为

$$L_B = kF(P_1, P_2) \tag{4.15}$$

其中，L_B 表示该路段上的自动波传输速度，k 表示栅格单元长度，$F(P_1, P_2)$为判断自动波方向 P_1 与道路段通达方向 P_2 是否一致的函数（若一致，则此函数值为 1，否则为 0）。

综合顾及点群权重、道路等级与通达方向在网络加权 Voronoi 图构建过程中对自动波传输速度的贡献，自动波传输速度可以表示为

$$L_B = dF(P_1, P_2)W(p)W(r) \tag{4.16}$$

式中，d 为权重值为 1 的点发出的自动波在权重值为 1 的道路段上的传输速度；$F(P_1, P_2)$、$W(p)$、$W(r)$分别为道路段通行方向条件下的二值函数、道路段和初始神经元的权重函数，$F(P_1, P_2)$由自动波传输方向与道路段通达方向共同决定；$W(p)$由初始神经元对应的地理实体的权重属性决定；$W(r)$由点群相关联的道路段的等级属性决定。

综上所述，根据点群及相关联道路网信息计算得到自动波传输波速，将其引入改进的 PCNN，则可以得到点群的网络加权 Voronoi 图。

步骤 1：按照式（4.8）计算迭代动态阈值 $E_P[n]$；

步骤 2：按照式（4.16）计算自动波传输速度 L_{Bn}，且设置当前波速 $\Delta S[n] = L_{Bn}$；

步骤 3：按照式（4.9）计算当前自动波波长 $S[n] = S[n-1] + \Delta S[n]$；

步骤 4：根据式（4.10），比较当前动态阈值 $E_P[n]$ 与自动波波长 $S[n]$ 值的大小，若 $S[n] \geqslant E_P[n]$，则 $Y_P[n]=1$，即 P 点在第 n 次迭代中成功点火，否则 $Y_P[n]=0$；

步骤 5：按照式（4.11）更新当前连接权重值 $W_{qp}[n+1]$；

步骤 6：转至步骤 1 重复以上步骤，直至所有的神经元均被点火且正在传输的自动波传输停止，迭代结束。

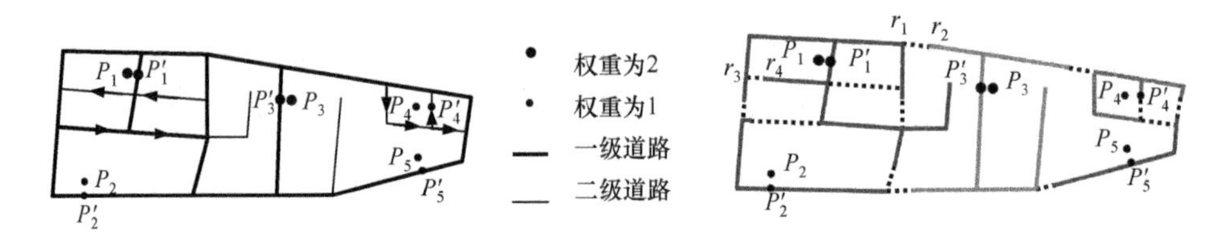

(a) 加入权重和方向的道路网　　(b) 限制条件下自动波传输结束状态

图 4.13　顾及点群与道路网的自动波传输

根据以上步骤，图 4.13(a)中由初始神经元发出的自动波按照式（4.16）计算得到的波速沿着道路网方向同时向外传输，并行地寻找神经元间的最短路径，直至所有的神经元均被点火。与图 4.12 类似，图 4.13(b)中，黑色虚线表示的道路段为自动波在传输过程中未经由的路段，如图 4.13(b)中，由 P_3' 发出的自动波在传输至点 r_2 时，发现该传输方向前方神经元 r_1 已被 P_1' 发出的自动波点火，故以 P_3' 为初始神经元的自动波在该路段方向上传输至 r_2 时停止。此时，r_1r_2 为自动波传输未经由路段，算法规定若此类路段的两个端点分别由不同初始神经元发出的自动波点火，则将该路段平均分配给两个初始神经元；否则如 r_3r_4 所示，该路段两个端点被同一初始神经元 P_1' 发出的自动波点火，则将该路段分配给初始神经元 P_1'。将图 4.13(b)中所有的自动波未经由路段按照上述方法分配之后得到图 4.14，至此，自动波传输结束且点群的网络加权网络 Voronoi 图生成，可以看出，点群的网络加权 Voronoi 图即将整个网络依据点群权重、相关联的道路网权重及方向按照距离最近原则划分给点群中所有的点。

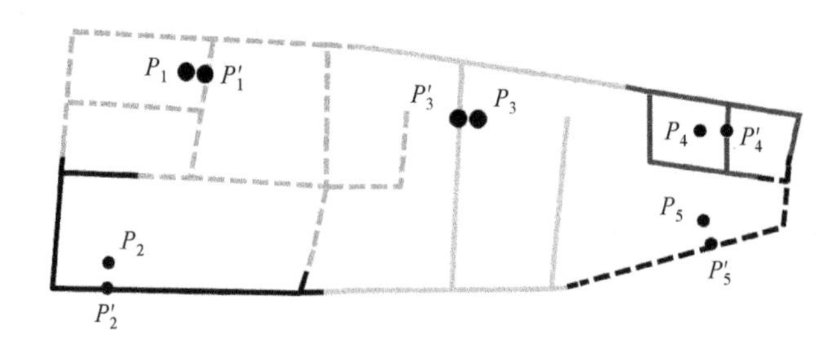

图 4.14　点群的网络加权 Voronoi 图

综上所述，网络加权 Voronoi 图生成算法可以归结如下：

步骤 1：首先对网络数据进行预处理。将点群投影到道路网中对应弧段上，并设置其投影点为初始神经元；将道路网按其节点划分为不同的弧段，且将所有节点定义为神经元；建立神经元间连接关系矩阵。

步骤 2：改进的 PCNN 模型运行，由初始神经元发出的自动波按式（4.16）计算得到的波速沿着关联弧段方向传输，并发地寻找并沿神经元间的最短路径传输，当该路段方向上前方所有神经元均被点火时，此路段方向上的自动波传输结束。

步骤 3：反复运行步骤 2，至所有的神经元均被点火且正在传输的自动波传输结束时转步骤 4。

步骤 4：将传输过程中自动波未经由的路段划分给相应的初始神经元，网络加权 Voronoi 图构建结束。

4.3.3 网络加权 Voronoi 图构建实验与讨论

为了验证以上网络加权 Voronoi 图构建算法的正确性与有效性，分别选用两类数据进行了实验验证，实验 1 中点的数目较少，道路网结构比较简单且点群与涉及的道路网均为相同等级。实验数据集包括相同等级和规模的 10 家医院与 337 条相同等级的道路段；实验 2 中涉及的点群及道路网相对比较复杂，实验数据集包括深圳市某区域 3 个等级共 148 个教育机构，参与分析的道路网络由 2820 条路段构成，其中道路分为 4 级，由高到低分别是：国道 50 段、省道 44 段、市区一级道路 892 段、二级道路 1834 段。同时，为了实现网络 Voronoi 图与普通 Voronoi 图的对比，分别构建了实验 1 中点群的 Voronoi 图及实验 2 中点群的加权 Voronoi 图。实验过程及结果如图 4.15～图 4.18 所示。

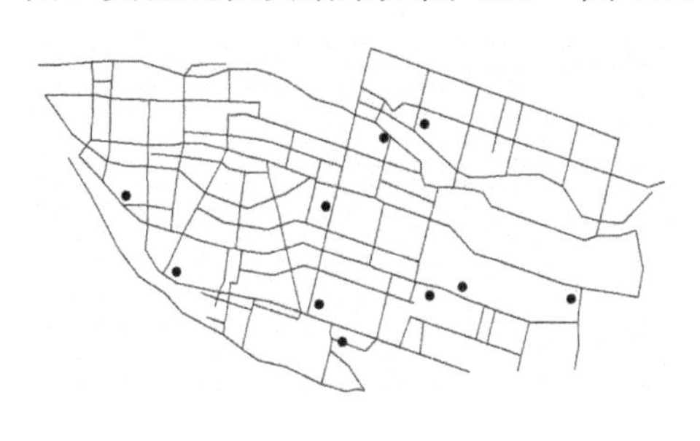

(a) 点群及道路网

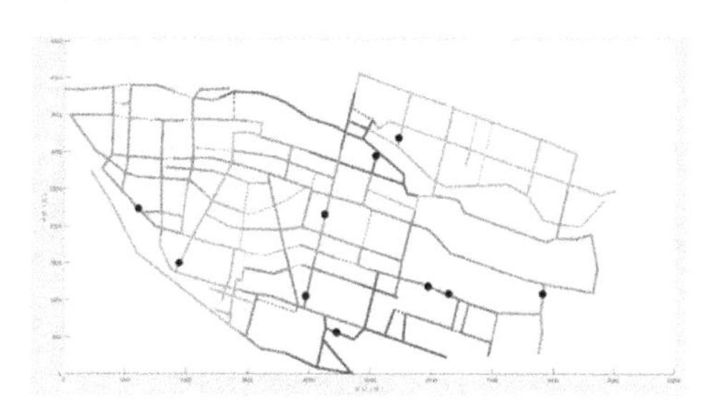

(b) 点群的网络 Voronoi 图

图 4.15 研究区 10 家医院的网络 Voronoi 图（实验 1）

由实验 1 可知，在图 4.15(b)中，所有点的权重都相同，对应的道路网均为双向通行的同等权重道路网，因此，在改进的 PCNN 模型运行过程中，自动波的波速是相同的。

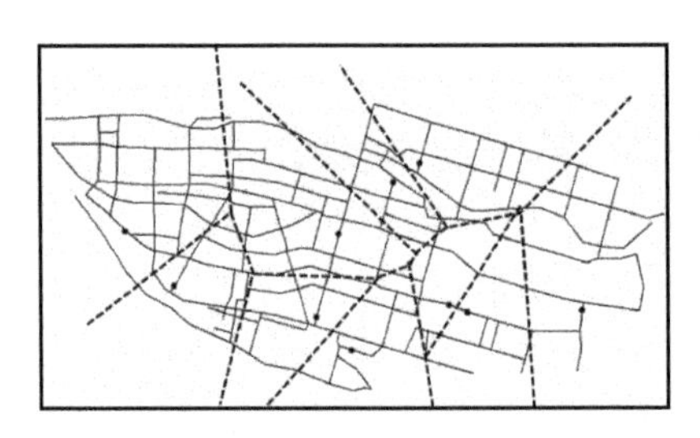

图 4.16　研究区 10 家医院的普通 Voronoi 图

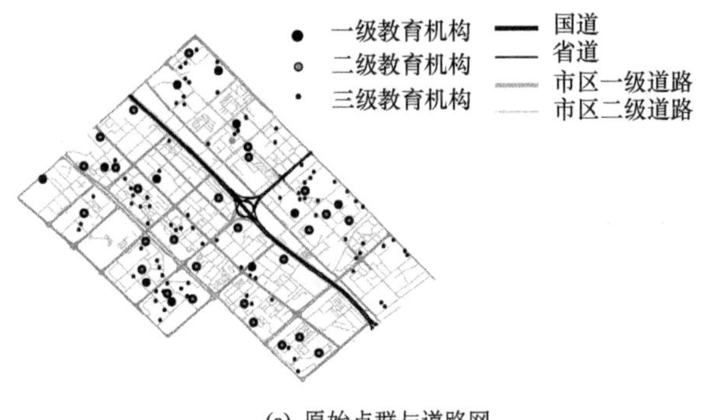

(a) 原始点群与道路网

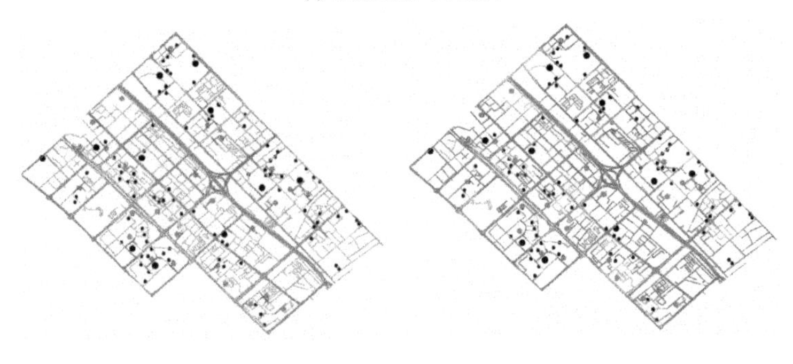

(b) 自动波传输初始状态　　(c) 自动波传输结束状态

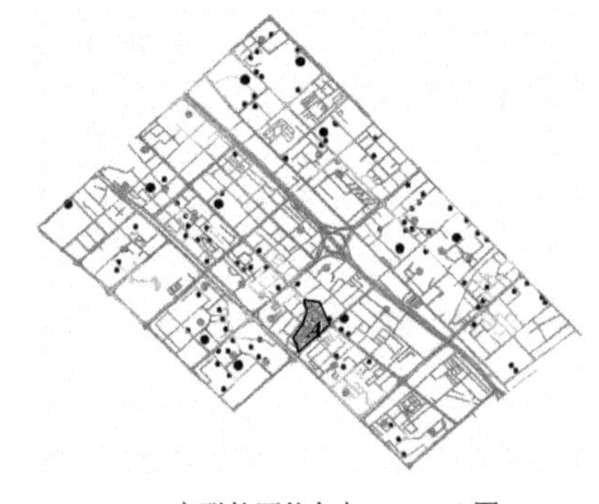

(d) 点群的网络加权 Voronoi 图

图 4.17　研究区 148 家教育机构网络加权 Voronoi 图的生成过程（实验 2）

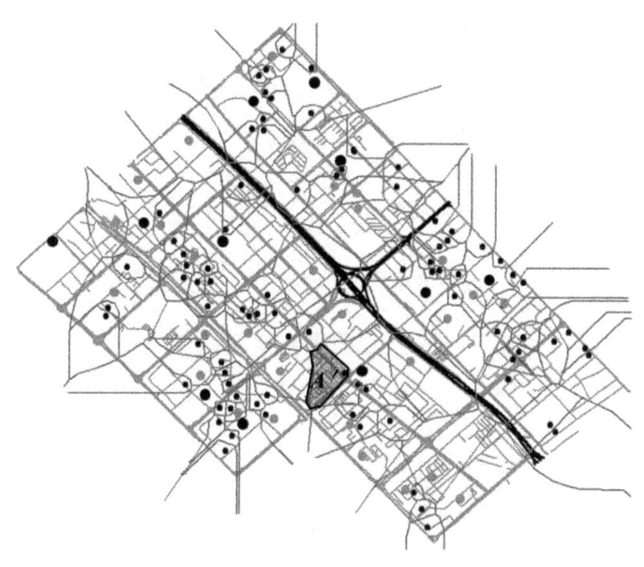

图 4.18　研究区 148 家教育机构的普通加权 Voronoi 图

图 4.17(b)为自动波传输初始状态，图中相邻神经元发出的自动波传输经由的路径用不同颜色的线条表示，自动波传输结束状态如图 4.17(c)所示，在此基础上，将自动波未经由的路段按照算法规则划分给对应的初始神经元。至此，点群的网络加权 Voronoi 图构建结束，如图 4.17(d)所示。图 4.18 是相同点群的普通加权 Voronoi 图，对比发现：

（1）普通加权 Voronoi 图对网络平面的划分切割平滑，而网络加权 Voronoi 图对平面的切割凹凸不平，这是由于道路网通常分布不均匀且点与点之间没有直线相连引起的；

（2）普通加权 Voronoi 图与点群所在道路网无关，将相同的点群置于不同的道路网中，得到的加权 Voronoi 图是不变的。而网络加权 Voronoi 图是基于点群所在的道路网建立的，充分顾及了点群权重及相关道路网信息对点群辐射范围的影响。

（3）当点周边的道路网相对比较密集时，网络加权 Voronoi 图与加权 Voronoi 图的计算结果比较接近。例如，图 4.17(d)中的阴影区域 A 与图 4.18 中的阴影区域 A'分别为利用两种方法得到的同一个点的辐射范围，它们的形态面积均比较相似，是因为其关联的道路网密度相对较大，且基本为同一等级且均为双向行驶。可以想象，如果道路网密度足够大，平面上任意两点之间都有接近直线的道路可达，相关联道路网等级相同且均为双向，则两种方法计算结果是相同的。但是，实际道路网分布的不均匀与道路网等级等属性的不同必然导致结果的差异，所以利用网络加权 Voronoi 图代表点群辐射范围更加全面合理。

算法的时间消耗主要在于自动波的传输过程，假设在这个过程中模型总迭代次数为 N，由于算法中各个神经元之间的状态是并行关系，自动波是并行传输的，基于改进 PCNN 的网络加权 Voronoi 图构建模型的时间复杂度为 O（N）。而对于同样的点群，算法的迭代次数与自动波传输速度直接相关，应用中可以结合实际情况与需要，在满足精度要求的前提下，适当调整自动波波速以控制算法时间。例如，当设施点的辐射范围较大时，可以将自动波波速调大；当设施点分布比较密集时，可以选择较小的自动波波速。

4.3.4 基于改进 PCNN 的网络加权 Voronoi 图构建算法总结

算法借助 PCNN 模型脉冲发放现象及自动波传输理论，引入最短路径思想，在改进 PCNN 基础上实现了网络加权 Voronoi 图的构建，并对其构建算法进行了实验验证，实验表明：

（1）算法利用 PCNN 并行处理及自动波思想，让自动波寻找并沿着神经元间的最短路径传输，在此基础上实现了点群的网络加权 Voronoi 图的构建。生成算法简单直观且符合 Voronoi 图的基本特性。

（2）算法顾及了点群权重及相关联道路网对点群辐射范围的影响，可以较好地表达点群的辐射范围。

（3）算法的时间复杂度主要取决于自动波的传输速度，可以根据点群及道路网特点调整自动波波速以达到精度与效率要求。

综上所述，利用改进 PCNN 算法构建的网络加权 Voronoi 图可以在顾及道路网属性的基础上较好地表达点群的辐射范围，下一步将基于网络加权 Voronoi 图进行点群权重的计算及点群的综合。

4.4 点群权重计算

从以上网络加权 Voronoi 图的构建及实验分析可知，网络加权 Voronoi 图中点群之间利用实际网络距离相连且顾及了道路网对点群辐射范围的影响，是对点群影响范围较为精确的表达。故将其引入点群综合过程，以期能够得到较为合理的点群权重，在此基础上进行点群取舍。下面介绍基于网络加权 Voronoi 图的点群权重的确定。

4.4.1 网络 Voronoi 多边形

在网络加权 Voronoi 图中，点群同步向外传输自动波，并发地向外扩展并抢占自己的势力范围。导致道路网及其所在的空间被划分给了各个点群，表现在网络加权 Voronoi 图中每个点对应的扩展路段构成一个多边形区域，这个多边形区域可以用来表示点的辐射范围。此多边形区域至少可以反映点群相关的两个特征：①点群及相关联道路网的重要程度。其重要程度正是衡量点群权重的重要依据。

通常点及其关联道路网的重要程度越高，则同等条件下其对应的多边形区域面积越大；反之，则此多边形区域面积越小。②点群的局部分布特征。点群的分布特征也是在点群综合时需要重点考虑的一个因素。点群的局部分布密度越大，则点群在竞争过程中抢占的势力范围越小，其对应的多边形面积将越小，反之，则其多边形面积越大。算法称此多边形为网络 Voronoi 多边形，它的构建过程可以描述为以下步骤。

步骤 1：点群扩展道路段的约束 Delaunay 三角剖分，该构建过程包括①提取点的扩展道路段节点，并构建节点的 Delaunay 三角剖分，如图 4.19(a)所示；②特征边入网，即删除与道路段相交的 Delaunay 三角形，如图 4.19(b)所示；③删除与道路段相交的 Delaunay 三角形后，构建新的影响多边形的三角剖分（禄小敏等，2015），如图 4.19(c)所示。

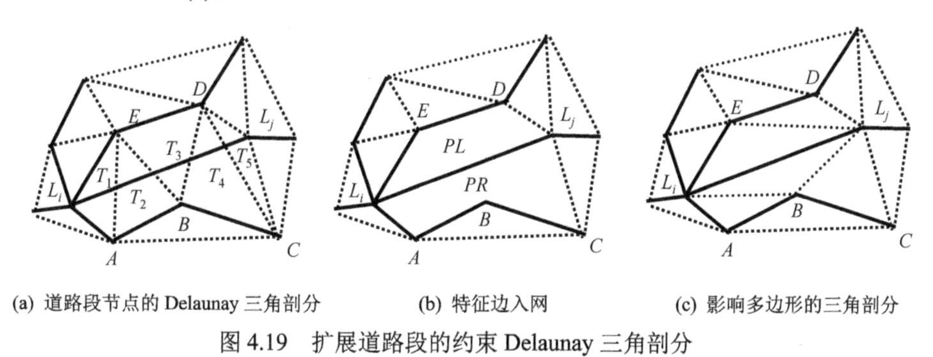

(a) 道路段节点的 Delaunay 三角剖分　　(b) 特征边入网　　(c) 影响多边形的三角剖分

图 4.19　扩展道路段的约束 Delaunay 三角剖分

步骤 2：利用动态阈值“剥皮法”计算扩展道路段的分布边界多边形。

（1）设置剥皮阈值 $d = k \cdot \text{Avelength}$，其中，$k$ 为剥皮等级（此处设 $k=2$），Avelength 为 Delaunay 三角网中所有三角形边的平均值，d 的值在每次剥皮之后都会动态改变。

（2）将 Delaunay 三角网中每一条外围非特征边（只有一个邻接三角形且不是道路网特征边）与阈值 d 进行比较，如果外围非特征边的长度大于阈值 d，则判断删除该边之后它所在三角形的其余两边能否与第 3 边组成一个三角形，如果可以，则删除该边并转向（3），否则保留该边，并重复（2）。

（3）将删除边所在三角形的其余两边设为外围边，重新计算 Avelength 并更新动态阈值 d，逐层向内剥离直至所有的外围非特征边长度均小于阈值 d，如图 4.20 所示。

（4）将外围特征边逐次首尾相连则得到最终的道路段分布边界多边形，如图 4.21 所示。

至此，点群的网络 Voronoi 多边形便构建完毕，如图 4.22 中多边形 S_1 即为 P_1 点的网络 Voronoi 多边形。

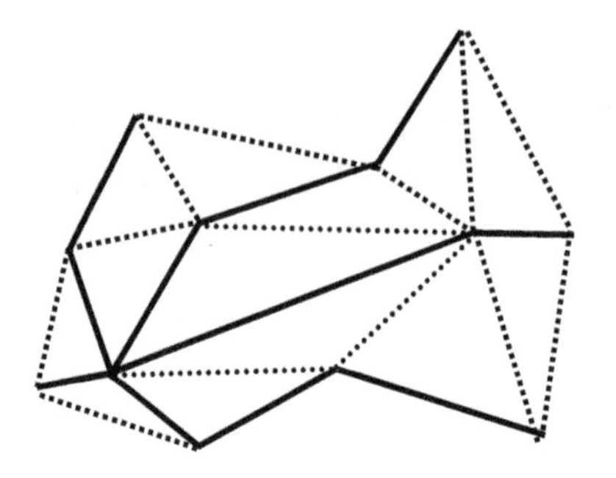
图 4.20　扩展道路段分布范围多边形剥皮结果

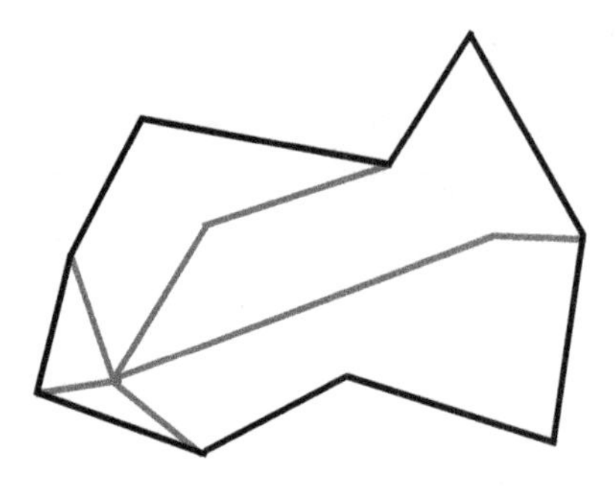
图 4.21　道路段分布边界多边形

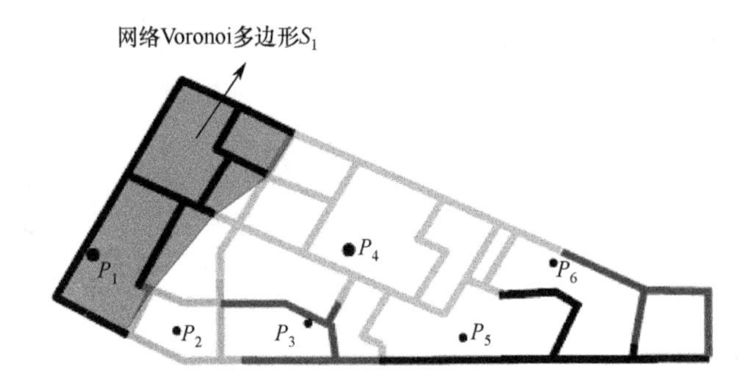

图 4.22　网络 Voronoi 多边形

4.4.2　点群权重计算

由上述论述可知，网络 Voronoi 多边形不仅可以代表对应点的辐射范围，还可以反映当前点群及道路网的局部分布密度。一般地，一个点及其相关联的道路网重要程度越高，对应的网络 Voronoi 多边形面积则越大。但同时，点群的网络 Voronoi 多边形面积大小还受对应道路网局部密度影响。图 4.23 中 P_1 点对应的网络 Voronoi 多边形面积较 P_2 点对应的网络 Voronoi 多边形面积大，但 P_1 点的扩展

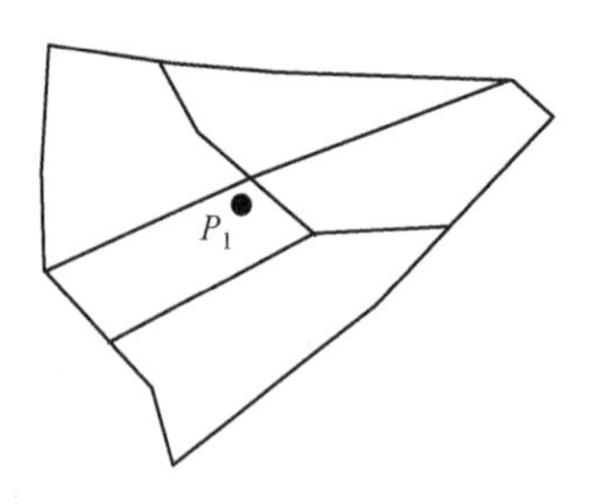

(a) P_1 点的网络 Voronoi 多边形

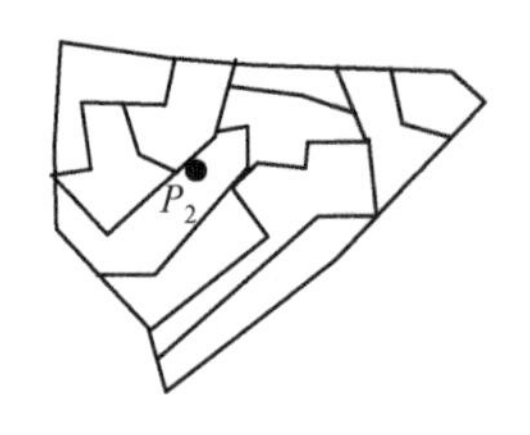

(b) P_2 点的网络 Voronoi 多边形

图 4.23　点 P_1、P_2 对应的扩展路段及网络 Voronoi 多边形

路段总长度小于 P_2 点的扩展路段总长度。这种差异的出现是因为 P_1 及 P_2 点所在道路网局部密度差异较大，P_2 点所在道路网局部密度较大，导致虽然扩展路段总长度较大但扩展总面积较小，相反，P_1 点所在道路网局部密度较小，扩展路段长度较小但占据的局部面积较大。所以，在评价点的权重时，算法将点对应的网络 Voronoi 图面积及扩展路段总长度（即网络 Voronoi 图中的路段总长度）视为衡量标准，并以此为依据进行点的取舍。

4.5 基于网络加权 Voronoi 图的点群综合方法

4.5.1 点群综合中各类信息的保持策略

点群综合的关键在于综合后的点群能够较好地保持原始点群的各类信息。为了在充分顾及点群权重的基础上保证原始点群信息的正确传输，算法采取了如下策略。

（1）统计信息

运用基本选取法则计算综合后地图上保留点的个数：

$$N'=N_0\sqrt{\frac{M_0}{M'}} \tag{4.17}$$

式中，N_0 表示原始点群数目；N'表示综合后的点群数目；M_0 表示原始地图比例尺分母；M'表示目标地图比例尺分母。

（2）专题信息

将点群的权重设为点群选取的基础。由上述论述可知，算法中点的权重是由点对应的网络 Voronoi 多边形面积及扩展路段总长度共同决定的。在点的综合过程中，遵循“点对应的网络 Voronoi 多边形面积越大，扩展路段总长度越长，则点在综合过程中更容易被保留”的原则。这个原则便保证了较为重要路段上的较为重要的点在点群综合过程中被保留的概率较大。具体计算过程中，用点的网络 Voronoi 多边形面积所占比与扩展路段总长度所占比作为点群权重的衡量依据：

$$P_{i1} = A_i \Big/ \sum_{i=1}^{n} A_i \tag{4.18}$$

式中，A_i 表示 i 点对应的网络 Voronoi 多边形面积，P_{i1} 表示 i 点的网络 Voronoi 多边形面积所占比，

$$P_{i2} = I_i \Big/ \sum_{i=1}^{n} I_i \tag{4.19}$$

式中，I_i 表示 i 点的扩展路段总长度，P_{i2} 表示 i 点的扩展弧段总长度所占比。

（3）拓扑信息

点群的拓扑关系在综合过程中会不可避免地遭到破坏，但设计算法的过程中可以采取措施尽可能小地破坏原始点群的拓扑信息。为此，算法遵循“尽量不同时删除网络 Voronoi 多边形邻居点”的原则进行点群取舍（Li Zhilin and Huang Peizhi，2002；王家耀等，2011）。

（4）度量信息

算法中，用点群的网络 Voronoi 图相对面积比来控制点群综合中度量信息的传输，因为它能够反映点群的局部密度。除此之外，规则“尽量不同时删除网络 Voronoi 多边形邻居点”也可以确保点群密度等度量信息的有效传输。

4.5.2 约束条件的定义与表达

在介绍点群综合算法之前，先定义两种约束条件，包括级约束条件和邻近关系约束条件，具体描述如下。

（1）级约束条件

算法中点的权重由网络 Voronoi 多边形面积及其内包含的道路段长度总和两个因素决定，在此基础上，将点划分为三种类型：高等级必须保留（Ⅰ型）、低等级直接舍弃（Ⅱ型）、介于两者之间参与选取竞争（Ⅲ型）（杨敏等，2014）。其中：

Ⅰ型点：对应的网络 Voronoi 多边形面积较大或扩展的道路段总长度较大，在点群综合过程中应当予以保留；

Ⅱ型点：对应的网络 Voronoi 多边形面积较小且扩展的道路段总长度较小，在点群综合过程中予以删除的点；

Ⅲ型点：点群中除Ⅰ型和Ⅱ型点外的点，综合各类因素进行判断取舍。

（2）邻近关系约束条件

依据点群拓扑信息保持的原则，点群综合过程中要尽量保证在同一次迭代过程中相邻点不被同时删除。所以算法规定原始点群可能为以下三种状态之一：“自由”、“固定”和“删除”；在欲删除某一点时，判断其网络 Voronoi 多边形邻居点是否均为“自由”，若是则将此点标记为“删除”，同时将其网络 Voronoi 多边形邻居点进行“固定”；否则将“固定”点改为“自由”点，开始下一轮删除操作。

4.5.3 点的删除

根据以上约束条件，Ⅱ型点为点群中影响范围与影响人群数量都较小的点，它的选取比Ⅰ型点和Ⅲ型点简单，故本算法在点的删除过程中采取如下 2 种策略：

（1）按照开方根定律，按照邻近约束条件选取指定数量的Ⅱ型点并将其删除，剩余点则构成综合后的结果；

（2）将通过式（4.18）、式（4.19）计算得到的 P_{i1}、P_{i2} 表示在以点的网络 Voronoi

多边形面积所占比为横坐标，以点的扩展弧段总长度所占比为纵坐标的平面直角坐标系中，此时权重值越小的点（Ⅱ型点）越靠近坐标原点，故采用“同心圆”法，以原点为圆心画 1/4 同心圆，依次选取权重值较小的点，对其进行邻近关系判断和删除操作。

基于以上策略，点的删除算法步骤如下：

步骤 1：根据式（4.17）开方根定律求得综合过程中预删除点的数目 n：$n = N_0 - N'$，其中，N_0 为原始点群个数，N' 为综合后点群个数；

步骤 2：利用公式（4.18）、（4.19）求得点群中所有点的 P_{i1} 与 P_{i2}。将其对应标示在以 P_{i1} 为横坐标，P_{i2} 为纵坐标的平面直角坐标系中，如图 4.24(a)所示，并将其称为权重值点。此时权重值越小的点（Ⅱ型点）越靠近坐标原点，以原点为圆心画 1/4 同心圆，依次选取权重值较小的点，对其进行邻近关系判断和删除操作。

步骤 3：以坐标原点为圆心，以权重值点与坐标原点距离的最小值为初始半径在坐标系中画 1/4 圆，将位于圆弧上的权重值点对应的点标记为“删除”，并“固定”其多边形邻居点。

步骤 4：以平面坐标系中权重值点之间的最小平面距为增量，更新半径值，以原点为圆心在坐标系内画 1/4 同心圆（如图 4.24(b)所示），对于其圆弧上以及其与前一次的同心圆构成的圆环内的“自由”点，若其所有邻居点均没有被标记为“删除”，则将其标记为“删除”并“固定”其所有邻居点。比较 n 与被标记为“删除”的点的个数，若 n 值较大，则重复步骤 4；若两值相同，则转步骤 6；否则转步骤 5。

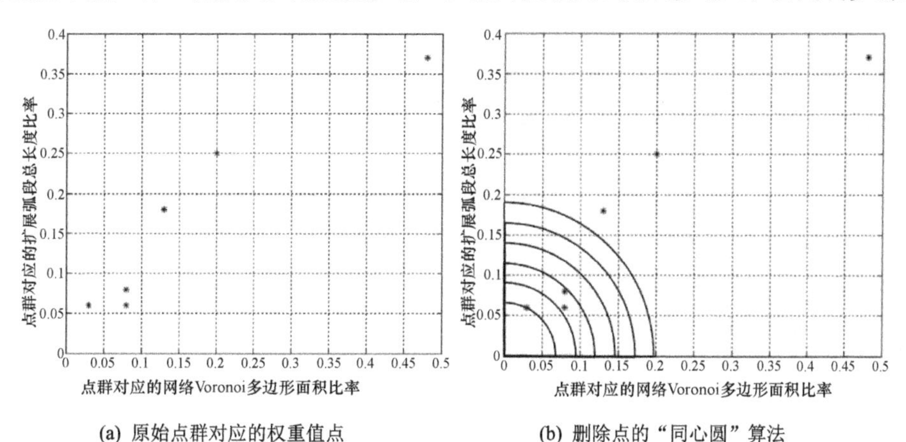

(a) 原始点群对应的权重值点

(b) 删除点的“同心圆”算法

图 4.24　点的删除过程

步骤 5：将上一轮添加了“删除”标记的点改为“自由”，将这些点按照网络 Voronoi 多边形面积降序排序，依次对位于队列尾端的点进行判别并添加“删除”标记，并对其网络加权 Voronoi 多边形邻居添加“固定”标记，直至标记为“删除”的点的总个数等于 n 时转步骤 6；

步骤 6：在原始点群中删除被标记为“删除”的点，剩余点群则为选取后的结果，算法结束。

4.6 实验与评价

4.6.1 实验

为了验证算法的可行性与有效性，采用两类数据对上述算法进行了实验，第 1 类点群数据即为构建网络 Voronoi 图时用到的兰州市部分点群及相关道路网数据，包括相同等级及规模的 10 家医院及 337 条相同等级的道路段，图 4.25(a)中原始地图比例尺为 1:1 万，目标比例尺为 1:2.5 万。第 2 类实验数据选用的是深圳市某区域的 96 家教育机构，其中，按照规模大小将其分为一级教育机构 63 个，二级教育机构 33 个；参与分析的道路网络由 3 级共 4652 条道路段组成，市区一级道路 2217 段、市区二级道路 1765 段、一般道路 670 段，图 4.27(a)中原始地图比例尺为 1:5 万，目标比例尺为 1:10 万。同时，为了与已有算法进行对比，对以上点群数据进行基于 Voronoi 图及加权 Voronoi 图的点群综合，如图 4.26 和图 4.28 所示。

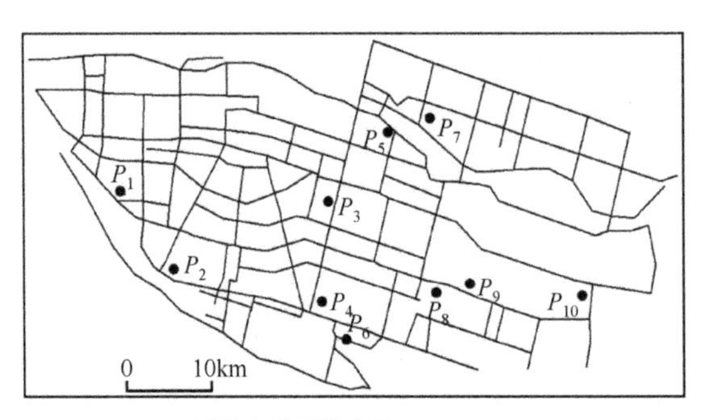

(a) 原始点群及道路网(1:1 万)

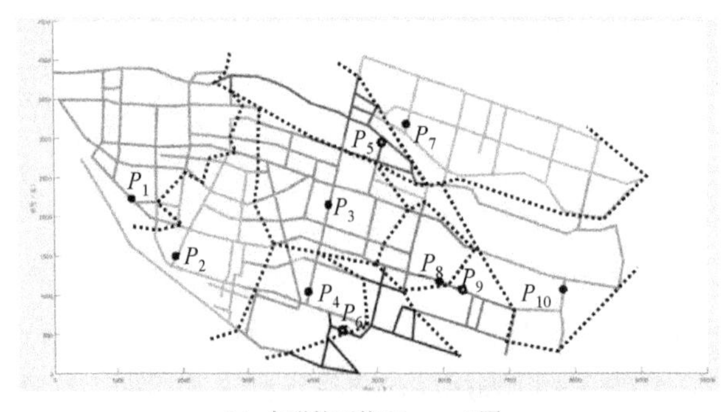

(b) 点群的网络 Voronoi 图

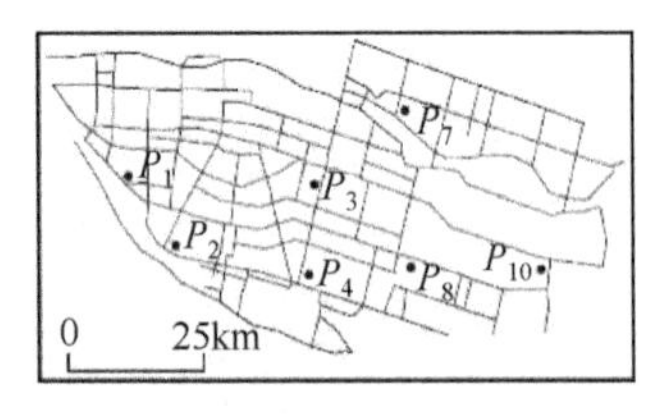

(c) 综合后的点群(1:2.5 万)

图 4.25 基于网络 Voronoi 图的点群综合（实验 1）

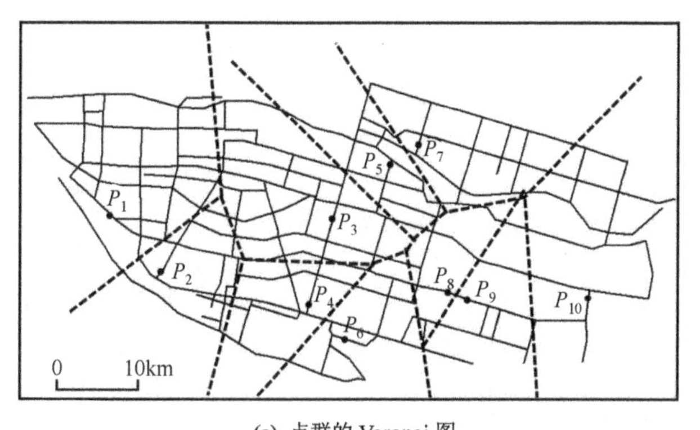

(a) 点群的 Voronoi 图

(b) 综合后的点群

图 4.26　基于 Voronoi 图的点群综合（实验 1 对比试验）

(a) 原始点群及道路网(1:5 万)

(b)点群的网络加权 Voronoi 图

(c) 选取后的点群(1:10 万)

图 4.27　基于网络加权 Voronoi 图的点群综合（实验 2）

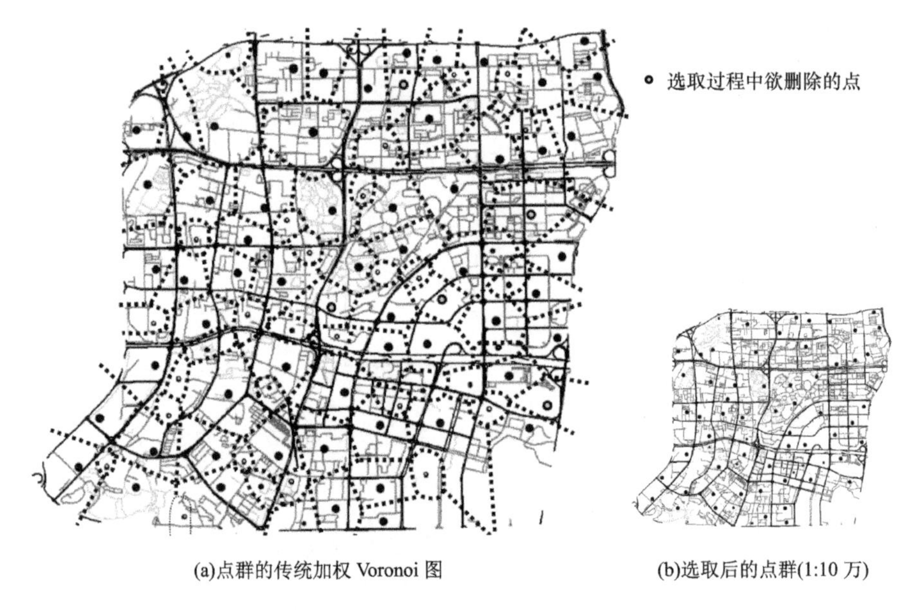

(a)点群的传统加权 Voronoi 图　　(b)选取后的点群(1:10 万)

图 4.28　基于加权 Voronoi 图的点群综合（实验 2 对比实验）

4.6.2　实验分析与评价

图 4.25(b)中不同颜色道路段代表不同点的扩展弧段，空心的点表示在点群综合过程中被删除的点。对比图 4.24 及图 4.25 可以发现：①在图 4.25 中，由于所有的点群均为相同等级，且所有的道路网也属于同一等级，所以，以不同点为初始神经元发出的自动波传输的速度是相同的，导致所生成的图严格来说应该是网络 Voronoi 图，而非网络加权 Voronoi 图；其对比实验如图 4.26 所示，是基于 Voronoi 图的点群综合实验；②基于网络 Voronoi 图的点群综合在进行点的取舍时，顾及了相关联的道路网对点群辐射范围的影响。例如，在图 4.25(c)中可以发现 P_9 点被删除了，同时 P_8 点被保留了；但在图 4.26(b)中 P_9 点被保留了而 P_8 点被删除了。这是因为在基于网络 Voronoi 图的算法中，P_8 点由于靠近道路网交叉处，导致其因为对应的网络 Voronoi 多边形相对较大而被保留；而在基于普通 Voronoi 图的综合算法中，P_8 点对应的 Voronoi 多边形较小而被删除。

同样地，在图 4.27(b)中，以同一个点作为起始点的扩展弧段被标注为同一种颜色，空心的点表示在点群选取过程中要删除的点；图 4.27(c)为选取后的点群，分析可得如下规律：①权重值较大的点在选取过程中被保留的概率较大，实验中一级教育机构被保留的比率为 91.9%；二级教育机构被保留的概率为 32.3%；②位于多条道路交叉处的点被保留的概率较大，如图 4.26(c)中的点 P_1、P_2 等；③相关联的道路等级较高且为双向行驶的点被保留的概率较大，如图 4.27(c)中的点 P_3 等。

综合以上两种实验，基于网络加权 Voronoi 图的点群综合算法顾及了道路网对点群权重的影响，而在传统的以基于 Voronoi 图及加权 Voronoi 图为代表的诸多算法模型中，当相同的点群被置于不同的道路网时，得到的综合结果是不变的。这显然是有悖于现实情况的。

算法对两组实验过程中原始点群各类信息的保持程度进行了计算，其中，各类信息的传输评价标准如下。

统计信息：
$$D_{\mathrm{s}} = |N_g - N_o| \tag{4.18}$$

式中，N_g 为综合后点的数目，N_o 为按照开方根定律应该保留的点的数目，D_{s} 越小，统计信息传输越好；

专题信息：
$$D_{\mathrm{th}} = \overline{W_g} - \overline{W_o} \tag{4.19}$$

式中，$\overline{W_g}$ 为综合后点群权重平均值，$\overline{W_o}$ 为综合前点群权重平均值，D_{th} 越大，证明高权重点保留越多，专题信息传输越好；

拓扑信息：
$$D_{\mathrm{tp}} = \overline{d_o} - \overline{d_g} \tag{4.20}$$

式中，$\overline{d_g}$ 为综合后的点的原始网络加权 Voronoi 多边形邻居个数的平均值，$\overline{d_o}$ 为原始点群中点的网络加权 Voronoi 多边形邻居个数的平均值，D_{tp} 越小，拓扑信息传输越好；

度量信息：
$$D_{\mathrm{m}} = \left|\frac{P_o - P_g}{P_o}\right| \tag{4.21}$$

其中，P_g 为综合后的点群分布边界多边形面积，P_o 为综合前的原始点群分布边界多边形面积，D_{m} 越小，密度信息传输越好。

根据式（4.18）～式（4.21），得到两组实验中各类信息的传输程度的量化表示，如表 4.1 所示。

表 4.1　实验中各类信息的传输程度

实验	算法	D_{s}	D_{th}(归一化后)	D_{tp}	D_{m}
实验 1	基于传统 Voronoi 图的点群选取算法	0.68	/	0.59	2.85%
	基于网络 Voronoi 图的点群选取算法	0.68	/	0.34	0.628%
实验 2	基于传统加权 Voronoi 图的点群选取算法	1	0.062	1.563	1.324%
	基于网络加权 Voronoi 图的点群选取算法	0.21	0.154	1.612	1.483%

由表 4.2 可以得出，基于网络加权 Voronoi 图的点群综合算法较好地传输了原

始点群各类信息，具体表现为：①综合后地图上的点群个数与理论上应该保留的点群个数近似相等。②综合后点群的平均权重值大于综合前点群权重的平均值，表明在点群综合过程中，权重值较大的点被保留了而权重值较小的点被删除了。基于网络加权 Voronoi 图的综合算法中权重差值比基于普通加权 Voronoi 图算法中的权重差值大，说明新算法更好地顾及了点群的权重信息。③点群对应邻居点数的平均值变化较小，表明原始点群的拓扑信息得到了较好的传输。④度量信息差值比率不是很大，也在可以接受的范围之内。

从实验与上述评价可以看出：①算法用到的网络加权 Voronoi 图与传统的 Voronoi 图完全不同。首先，传统的平面 Voronoi 图是对点群所在的整个空间区域进行的无缝剖分，而网络加权 Voronoi 图仅是针对点群关联的道路网及其所在区域进行剖分；其次，平面 Voronoi 图中空间的剖分是通过光滑的直线或曲线实现的，而网络加权 Voronoi 图对空间的剖分是锯齿形状的。可以想象，如果点群关联的道路网密度足够大，密集到任意两点之间都可以通过一条道路直线相连，则此时点群的网络加权 Voronoi 图则近似于普通 Voronoi 图。②从对比可以看出，由于在点群综合过程中顾及了道路网对点群重要性的影响，基于网络加权 Voronoi 图的点群综合结果优于已有的基于普通 Voronoi 图与加权 Voronoi 图的综合结果。

4.7 方法总结

为了克服已有算法没有顾及道路网对点群的约束与其他影响作用的不足，算法引入网络加权 Voronoi 图进行点群综合。算法首先利用改进的 PCNN 模型在顾及相关联道路网属性的基础上实现了网络加权 Voronoi 图的构建；其次，以网络加权 Voronoi 图为基础利用 Delaunay 三角剖分与动态阈值“剥皮法”实现了点群网络 Voronoi 多边形的构建，其中，分析确定网络 Voronoi 多边形面积及多边形内扩展路径总长度为点群重要性衡量依据，在此基础上利用提出的“同心圆”法实现了点群的选取。最后，对该算法的适用性及有效性进行了实验，通过与已有算法对比发现，该算法具有以下 4 大优势：①网络加权 Voronoi 图的引入使得点群通过实际道路网相连接，在综合过程中考虑到了相关联的道路网的等级等属性信息对点群辐射范围的影响，这使得点群的权重更符合实际情况，得到的综合结果更加合理；②点的权重由点对应的网络 Voronoi 多边形面积与扩展道路段总长度共同决定，在点群综合过程中顾及了道路网局部密度对点群选取的影响；③删除点的“同心圆”法简单直观，较好地解决了多因素影响下的点群选取问题；④原始点群的 4 类信息均得到了较好的保持与传输。

与已有算法相比，算法时间复杂度的不同主要在于网络加权 Voronoi 图的构建，在网络 Voronoi 图的构建过程中，时间消耗是与自动波传输速度呈线性相关的。所以，自动波传输速度是算法时间复杂度的一个重要影响因素，它的设置也需要顾及以下几个因素：①点群之间的平均距离，若点群之间的平均距离较大，可以将自动波的传输速度设为一个较大值。②道路段的平均长度，因为自动波是按照一定波速沿着道路网在道路段上传输的，为了提高算法的精确度，自动波传输的单位距离（波速）需要尽可能地设置为一个可以整除这些道路段长度的值，道路段的平均长度值较大时，对应的自动波波速值也可以设置为一个相对较大的值。③点的影响范围，若点群中对应点的影响范围较大（如火车站），可以将自动波波速设置为一个较大的值；相反地，若点群中点的影响范围较小（如公交车站），可以相应地把自动波波速值调小。④算法的需要，若算法需要较高的精确度，可以将自动波波速设置为一个较小的值；若算法需要较快的运行速度，可以将其值适当调大。

4.8 小结

本章研究了道路网约束及影响的点群综合模型，具体包括：

（1）介绍了网络加权 Voronoi 图的概念与特点。

（2）概括了 PCNN 模型的特点与原理，描述了基于改进 PCNN 模型的网络 Voronoi 图及网络加权 Voronoi 图的构建方法。

（3）在网络加权 Voronoi 图基础上，介绍了网络 Voronoi 多边形的构建过程。

（4）研究了点群权重的描述因子，并在其基础上利用“同心圆”法实现了点群的综合模型构建

（5）以不同类型点群为例对算法进行了实验。

第 5 章　顾及几何结构特征保持的点群综合方法

在点群综合过程中，有一类点不具有重要程度之分，如树木、电线杆、控制点等；还有一部分“其他信息”点，其中包含的点的属性信息繁杂，无法统一度量其权重信息。此时，点群综合的重点转向其几何结构特征的保持。

如第一章所述，现有的点群综合算法中有一类算法在综合过程中各有侧重地顾及了点群分布范围、分布密度、拓扑结构等的保持。综合对比发现，保持空间分布特征的群点化简算法（艾廷华，2002）和基于 Kohonen 网络的点群综合方法（蔡永香等，2007）在综合过程中对外部轮廓点与内部点分别进行化简，较好地保持了原始点群的轮廓特征。同时，保持空间分布特征的点群化简算法基于 Voronoi 图进行了内部点化简，较好地顾及了内部点群分布密度及拓扑特征的保持。唯一不足的是，两种算法将外部轮廓点与内部点分别进行选取，在较好地保持原始点群分布范围的同时，忽视了外部轮廓点与内部点作为一个整体的相互作用与制约。因此算法在借鉴已有算法优点的同时，顾及了点群内部点与外部轮廓点的相互作用，提出了顾及几何结构特征保持的点群综合方法。

5.1　算法原理与流程

5.1.1　算法原理

为了尽可能地顾及点群的结构特征及拓扑信息，算法将点群外部轮廓点与内部点分别进行选取，算法基本原理为：首先，提取点群外部轮廓点，构建点群的轮廓多边形；其次，利用经典的曲线化简 Dauglas-Peucker 算法对点群外部轮廓多边形进行化简，保留轮廓特征点；最后，以轮廓多边形为约束，构建内部点的 Voronoi 多边形，在此基础上进行内部点化简。化简后的外部轮廓点与选取后的内部点便构成了综合后的点群结构。

5.1.2　算法流程

算法流程如图 5.1 所示。主要包括以下步骤。

步骤 1：点群外部轮廓点的提取。包括点群的 Delaunay 三角剖分与利用动态阈值“剥皮法”构建点群分布边界多边形。

步骤 2：外部轮廓点的化简。

步骤 3：外部轮廓约束下的内部点化简。

下面对其综合过程进行详细描述。

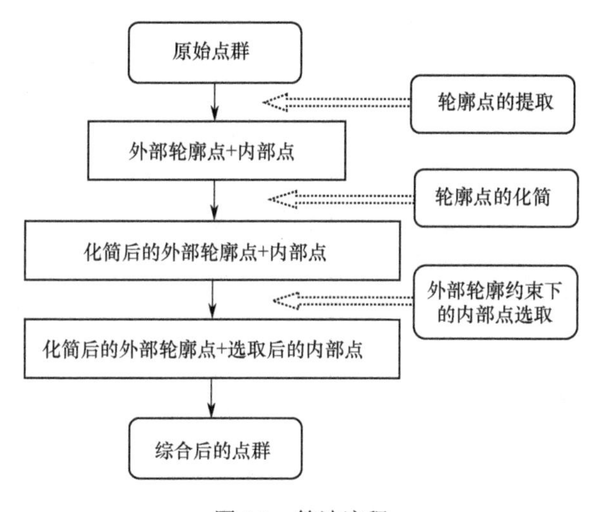

图 5.1　算法流程

5.2　顾及空间分布特征的点群综合方法

5.2.1　点群综合中的信息保持策略

对于具有上述特征的点群，综合过程中应尽可能地保持度量结构信息与拓扑结构信息，以达到利用较少点较好地表达原始点群的分布密度与分布范围等结构信息的目的。算法对原始点群统计信息、拓扑结构信息与度量信息的保持策略如下：

（1）统计信息

利用方根模型计算综合后地图上保留点的个数：

$$N'=N_0\sqrt{\frac{M_0}{M'}} \tag{5.1}$$

式中，N_0 表示原始点群数目；N'表示综合后的点群数目；M_0 表示原始地图比例尺分母；M'分别表示目标比例尺分母。

（2）拓扑信息

将化简后的外部轮廓点与内部点组成新的点群，构建外部轮廓约束下的内部点 Voronoi 多边形，对点群的内部点根据 Voronoi 多边形面积所占比进行取舍，在点的删除过程中，遵循“在同一轮删除过程中，不同时删除 Voronoi 多边形邻居点”的原则，使原始点群的拓扑特征尽可能小地改变。

在点群综合过程中，设点群可能为三种状态：“自由”、”固定”、”删除”。在欲删除某一点时，判断其 Voronoi 邻居点是否均为“自由”，若是，则将此点标记为“删除”，同时将其 Voronoi 邻居点进行“固定”；否则将“固定”点改为“自由”点，开始下一轮删除操作。

（3）度量信息

对于此类点群，原始点群度量信息的保持是综合算法好坏的关键，算法将点群的度量信息描述为以下 2 个参数：

① 分布范围：根据 Gestalt 心理学视觉连续性与整体性的原则（Kurt Koffk，1997），人们趋向于将空间邻近、属性相似的多个空间地物看成一个整体，空间点群作为一个整体具有其分布范围。点群的分布范围没有确定的值，它通常用一个包容点群中所有点的多边形表示。已有算法中通常利用凸壳（Tang M，et al.，2009；Hu Y，2015）或 Delaunay 三角剖分法（钱海忠等，2005；李玉龙等，2007）求取点群的分布范围。算法借鉴文献（禄小敏等，2015）中所述的 Delaunay 三角剖分与动态阈值“剥皮法”进行点群分布范围的计算，在此基础上通过 Douglas-Peucker 算法对外部轮廓点进行化简，以保持原始点群的分布范围与轮廓特征。

② 分布密度：点群的分布密度表示为单位面积内点的个数，Voronoi 图将空间划分给点群中所有的点，每个点周围的多边形表示点的辐射范围，点群的局部密度越大，则每个点分得的势力范围越小，相反，点群的局部密度越小，则对应点的 Voronoi 多边形面积越大。算法中利用 Voronoi 多边形面积的倒数表示点群的密度进行点群取舍，分布密度较小的区域被舍去的点较少，分布密度较大的区域被舍弃的点较多。这样便能够较好地保持原始点群的分布密度。

5.2.2 点群轮廓点的提取与化简

（1）点群轮廓点的提取

外部轮廓点构成了点群的外部结构，为了尽可能地保持点群的分布范围与整体轮廓信息，算法参考文献（钱海忠等，2005）和文献（于艳平，2012）的方法，将点群外部轮廓点和内部点分别进行选取。算法先提取点群的外部轮廓点。

以往算法中多用凸壳表示点群的外部轮廓，但如图 5.2 所示，利用凸壳表达点群的轮廓时，往往将没有点群覆盖的凹部区域也视为点群的分布范围。故算法用第 3 章构建点群影响范围多边形时用到的 Delaunay 三角剖分与动态阈值“剥皮法”实现点群分布范围的计算。如图 5.3 所示，在此基础上将所有外围点（只有一个邻接三角形的点）视为点群的外部轮廓点，将其保存至轮廓点数组，并将其首尾相连便构成了点群的分布边界多边形，如图 5.4 所示。具体方法如下。

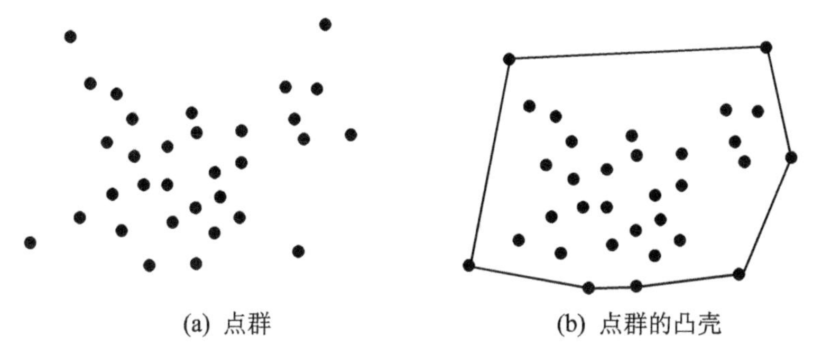

(a) 点群　　(b) 点群的凸壳

图 5.2　凸壳

步骤 1：对原始点群进行 Delaunay 三角剖分，如图 5.3(a)所示。

步骤 2：求取剥皮阈值 $d=k\cdot$ Avelength，其中 k 为剥皮等级（取 k=2），Avelength 为 Delauany 三角形边长平均值，比较 Delaunay 三角网中所有的外围边（只有一个邻接三角形的边）长度与剥皮阈值 d 的大小，若当前外围边边长大于阈值，则判断它所在三角形的其余两边能否与其他边构成三角形，若能，则删除当前外围边，重新计算当前的 *Avelength* 并更新剥皮阈值 d，判断下一条外围边；否则保留该边，继续判断下一条外围边，直到所有的可删除的外围边边长均小于阈值 d 为止，结果如图 5.3(d)所示。

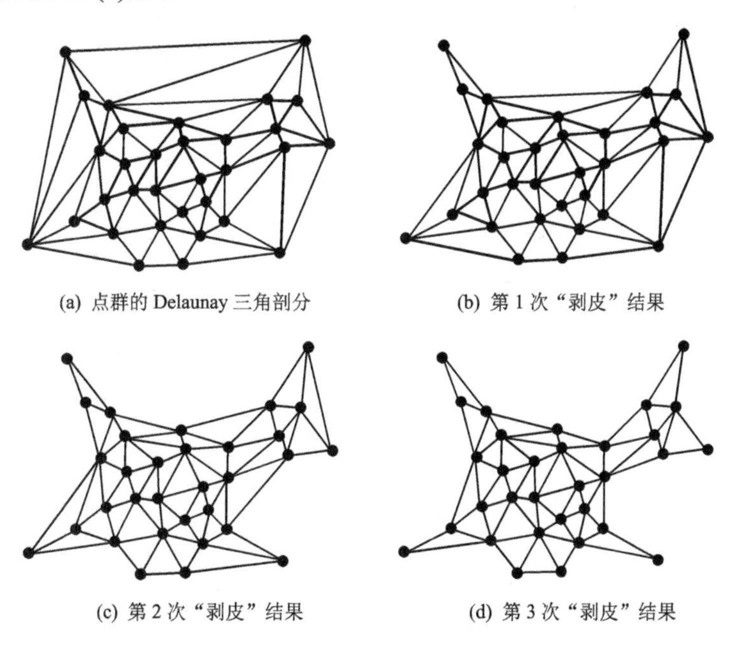

(a) 点群的 Delaunay 三角剖分　　(b) 第 1 次“剥皮”结果

(c) 第 2 次“剥皮”结果　　(d) 第 3 次“剥皮”结果

图 5.3　点群的动态阈值剥皮算法

步骤 3：将保留的点群外围边顺次头尾相连，则构成点群的外部轮廓多边形，如图 5.4 所示。

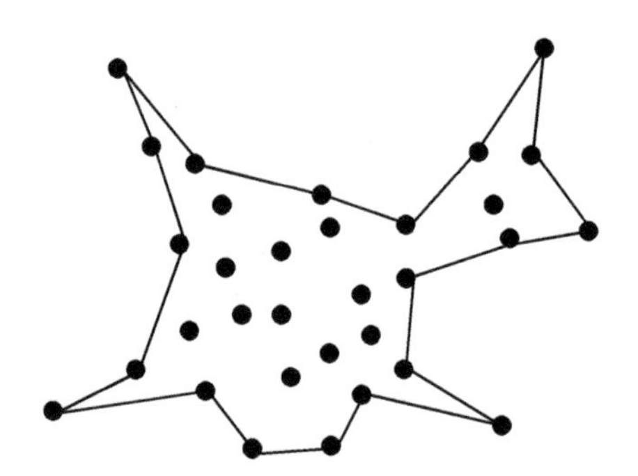

图 5.4　点群的外部轮廓多边形

（2）点群轮廓点的化简

点群轮廓点中有一类点在选取过程中比较重要，如图 5.5 所示，点 P_2、P_3 对点群轮廓的影响不大，删除之后对点群结构影响较小，但点 P_1 删除后对点群结构的影响很大。算法将此类对点群外部结构影响比较大的点称为轮廓特征点，显然，为了尽可能地保持点群的外部轮廓特征，在点群化简过程中应该尽量保留这些轮廓特征点而删除那些对点群轮廓影响较小的点。Douglas- Peucker 算法（Douglas D. H. and Peucker T. K.，1973）作为一种经典的曲线化简算法，通常被用于线状矢量数据的压缩和轨迹数据的压缩和化简。为了在轮廓点化简过程中尽量保留这些特征点，算法采用 Douglas-Peucker 算法进行轮廓多边形的化简，从而实现轮廓点的化简，具体步骤如下：

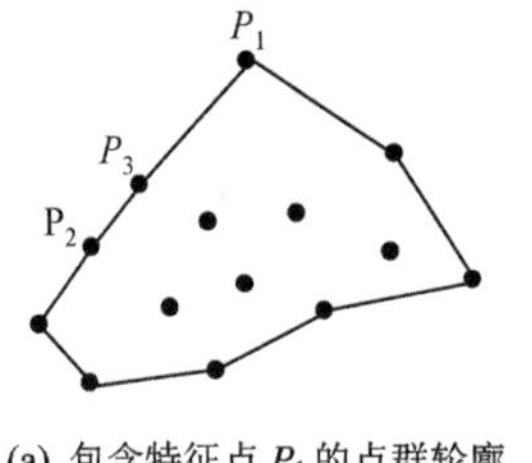

(a) 包含特征点 P_1 的点群轮廓

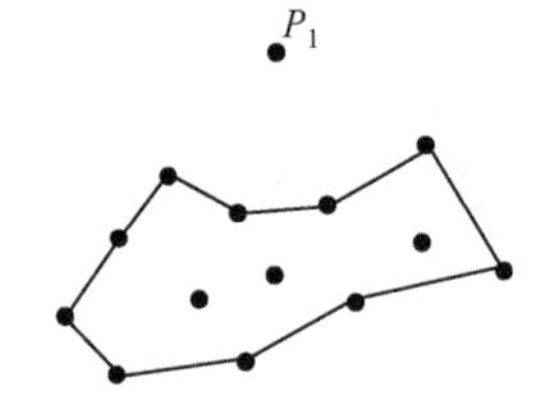

(b)不包含特征点 P_1 的点群轮廓

图 5.5　点群轮廓特征点

步骤 1：将点群坐标转换为二维平面坐标，并找出点群中横坐标极小值点与极大值点，此两点将点群轮廓多边形分割为两条折线段。

步骤 2：利用 Douglas-Peucker 算法对折线段分别进行化简，保留轮廓特征点。化简过程中，利用方根模型计算边界轮廓点中应保留点的个数，并根据保留点的个数确定并调节化简过程中的长度阈值 λ。

折线段的化简如图 5.6(a)所示，选取 K_l、K_r 将轮廓多边形划分为两条折线段，第 1 次设定阈值，寻找关键点 K_1、K_2、K_2'、K_3、K_3'、K_4、P_1、P_2、P_3；适当缩小阈值，在剩余轮廓点中寻找关键点 K_5、P_4。

步骤 3：合并两条折线段的起点与终点，并记录折线段化简后保留的点，如图 5.6(b)中的点。

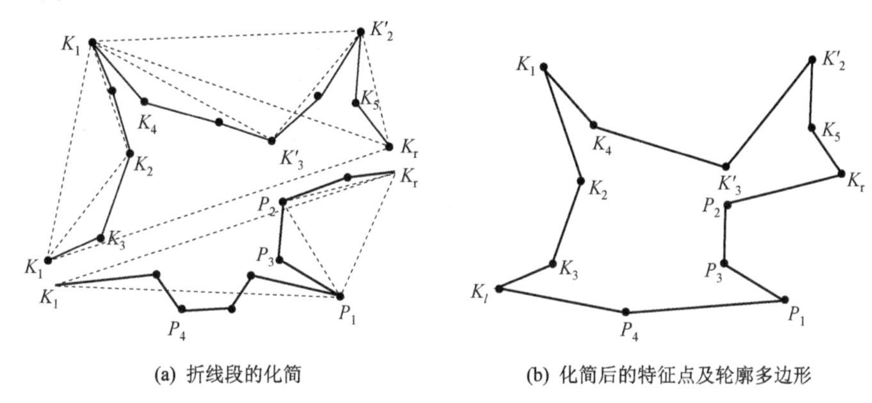

(a) 折线段的化简　　(b) 化简后的特征点及轮廓多边形

图 5.6　点群轮廓多边形对应的折线段化简

为了更好地约束后续内部点群的化简，将以上化简过程中寻找到的关键点状态设为"固定"，将关键点以外的欲删除的轮廓点状态设为"删除"，此处，"删除"并不意味着将其立即从点群中删除，而是直到点群综合结束时将其舍弃。

5.2.3　外部轮廓约束下点群内部点 Voronoi 图构建

Voronoi 图已被证明可以很好地表达点群的影响范围，而且被证明是很好的地图综合工具。为了在点群综合过程中较好地顾及原始点群的度量信息与拓扑信息，算法将 Voronoi 图引入点群内部点的选取，它的引入可以较好地保持原始点群的密度信息及拓扑信息。同时，为了在对点群外部轮廓点与内部点分别处理的同时，顾及外部轮廓点对内部点的约束与影响作用，算法将外部轮廓多边形作为内部点群构建 Voronoi 图时的边界，让轮廓点参与并约束内部点群的化简。边界的引入一方面顾及了外部轮廓点对构建内部点群 Voronoi 多边形的影响，也使得点群外部轮廓点与内部点群的拓扑关系以及点群的整体密度得以较好的保持。外部轮廓约束下的点群内部点选取基本步骤如下：

步骤 1：以原始点群的轮廓多边形为界构建原始点群 Voronoi 图，如图 5.7 所示。

步骤 2：点群局部密度越大，其对应的 Voronoi 多边形面积越小，综合过程中需优先删除的点越多。因此，算法计算内部点群（除外部轮廓点外的所有点）对应的 Voronoi 多边形（图 5.7 中灰色多边形）面积所占比，见式（5.2），将其作为点群取舍的依据。

$$P_i = \frac{S_i}{\sum_{i=1}^{m} S_i} \tag{5.2}$$

式中，P_i表示点的选取概率，S_i表示点的 Voronoi 多边形面积，m 表示点群中点的个数。

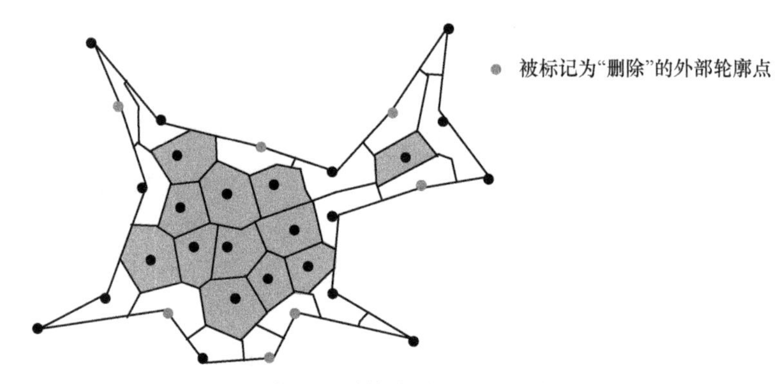

图 5.7　原始点群 Voronoi 图

步骤 3：对 P_i 升序排列，为了尽可能地保持原始点群的拓扑信息，逐个判断队列中的点，若该点当前的状态为“自由”，且其所有的 Voronoi 邻居点（包括点群外部轮廓点）的状态均不是“删除”，即当前点没有被“固定”且其所有邻居点没有被“删除”，则将该点标记为“删除”，同时将该点所有的 Voronoi 邻居点标记为“固定”。

步骤 4：比较标记为“删除”点的数目与点群综合过程中欲删除点的数目 n 的大小，见式（5.3），如果标记为“删除”点的数目大于等于欲删除点的数目，则转步骤 5；否则，将保留点作为新点集，重新构建新点集的带约束边界的 Voronoi 图，并转步骤。

$$n = N_o - N' \tag{5.3}$$

步骤 5：将带有“删除”标记的点从当前内部点集中删除，剩余点则构成内部点综合结果，即图 5.8(b)中轮廓内部的点群。

图 5.8(a)为不顾及外部轮廓点状态影响的内部点化简结果，图 5.8(b)为顾及外部轮廓点状态影响的内部点群化简结果，可以看出，图 5.8(a)中保留的点 P_1 在图 5.8(b)中被删除了，原因是在利用本算法进行综合的过程中，与其相邻的外部轮廓点的保留使其被删除的概率较大；同样地，由于在内部点综合过程中顾及了外部轮廓点的状态，使得图 5.8(a)中被删除的点在图 5.8(b)中被保留了，如点 P_2。

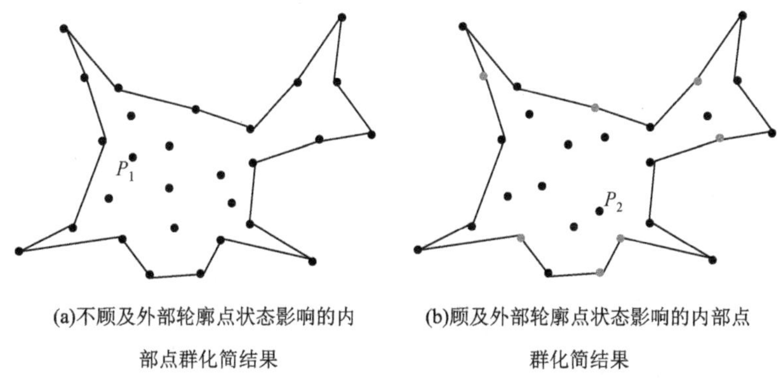

(a)不顾及外部轮廓点状态影响的内部点群化简结果　　(b)顾及外部轮廓点状态影响的内部点群化简结果

图 5.8　点群内部点化简结果（比例尺缩小至综合前的一半时）

综上所述，通过对外部轮廓点的提取与化简，对内部点的外部轮廓约束下基于 Voronoi 图的化简，最后将两者化简的结果结合起来则得到点群的综合结果。图 5.9 显示了上述示例中点群的综合结果。

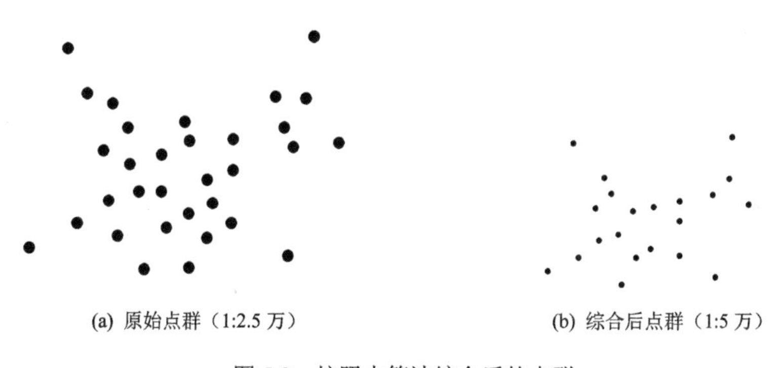

(a) 原始点群（1:2.5 万）　　(b) 综合后点群（1:5 万）

图 5.9　按照本算法综合后的点群

5.3　实验与评价

李佳田等（2014）将点群的排列方式抽象为三种类型：条带状、环状和块状。为了验证本算法的可行性与适用性，实验按照三种类型点群的排列特征分别选取了大连市某区域 469 个“其他信息”点群（条带状分布）、成都市某区域 285 个“其他信息”点群（环状分布）与西安市某区域 943 个“其他信息”点群（块状分布）为例进行点群综合实验。实验 1 中原始地图比例尺为 1∶1 万，目标比例尺为 1∶2.5 万；实验 2 中原始地图比例尺为 1∶5 万，目标比例尺为 1∶10 万；实验 3 中原始地图比例尺为 1∶2.5 万，目标地图比例尺为 1∶5 万。原始点群如图 5.10(a)、图 5.11(a)和图 5.12(a)所示，外部轮廓约束下的点群内部点 Voronoi 图如图 5.10(b)、图 5.11(b)及图 5.12(b)所示，图 5.10(c)、图 5.11(c)及图 5.12(c)分别为三种排列类型综合后点群。

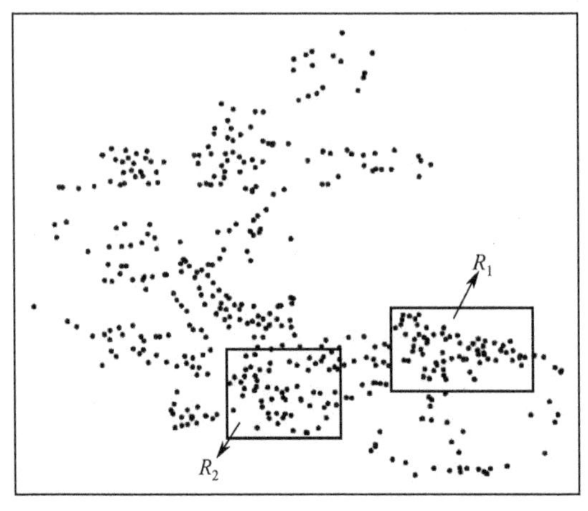

(a) 原始点群（1∶1 万）

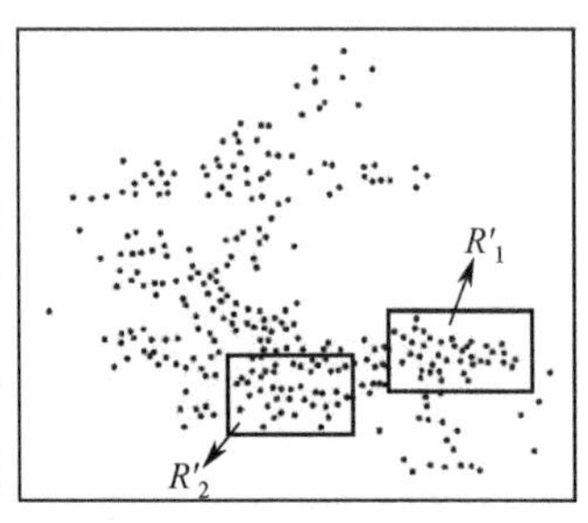

(c) 综合后点群（1∶2.5 万）

(b) 外部轮廓约束下的点群内部点 Voronoi 图（1：5 万）

图 5.10　实验 1：条带状分布点群综合实验

通过观察对比发现在上述实验中，综合后的点群仍然较好地保持了条带状的分布特征，不仅如此，点群内部点也较好地保持了原始点群的形态特征。原始点群中点分布比较密集的区域（如图 5.10(a)中 R_1、R_2 代表的区域）在综合后点群分布仍然相对比较密集（如图 5.10(b)中 R_1'、R_2' 代表的区域），而原始点群中点分布密度较小的区域综合后相应区域点群密度也较小。

由以上实验可以看出，原始点群的分布类似于一个以聚类中心点为圆心的环状结构，综合后的点群也较好地保持了这种轮廓结构，基于 Voronoi 图的内部点化简算法也使得内部点的密度与其他结构特征得到了较好的保持。

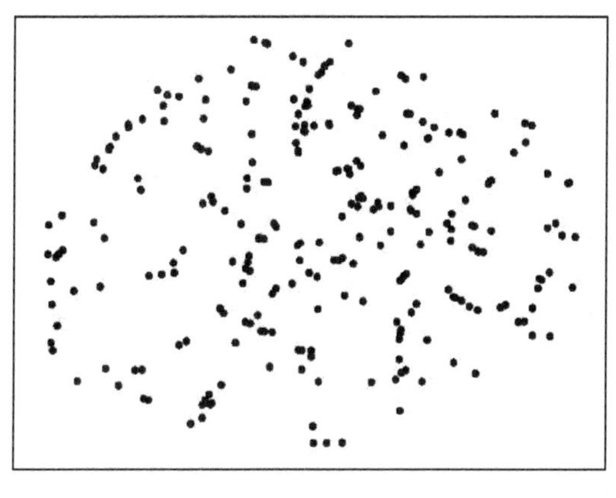

(a) 原始点群（1∶5 万）

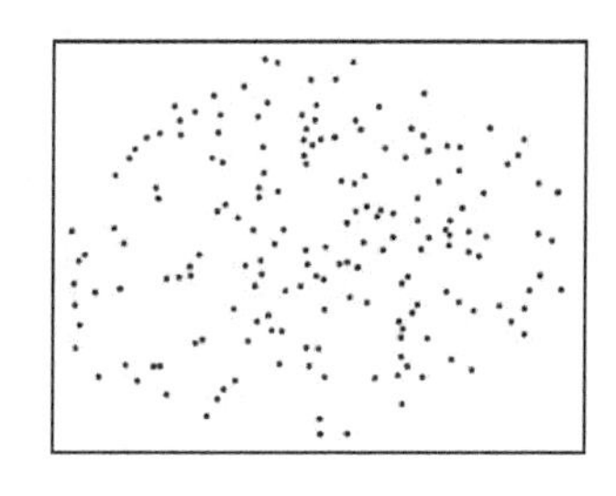

(c) 综合后点群（1∶10 万）

(b) 外部轮廓约束下的点群内部点 Voronoi 图（1：5 万）

图 5.11　实验 2：环状分布点群综合实验

上述实验中原始点群的分布从整体来看呈矩形块状结构，点群整体轮廓的上边界与下边界是近似水平的，同样，点群的左边界与右边界起伏波动也不大，所以在采用 Douglas-Peucker 算法对轮廓点进行化简时，设置的距离阈值较小，使得点群轮廓中较小的弯曲处的点被保留了，点群轮廓中细小的凹陷及凸起特征也被较好地保持了，因此，综合后的点群与原始点群的轮廓极其相近。同时，点群内部的结构及分布特征也得到了较好的保持。

综合以上三类实验可以发现，点群的外部轮廓结构、内部密度与结构特征均得到了较好的保持。为了验证算法对点群范围与点群分布密度的保持程度，算法规定。

（1）点群分布范围的保持程度：为了较好地保持点群的轮廓特征，算法首先利用动态阈值“剥皮法”构建了较为精确的点群分布边界多边形，可以通过综合前点群的分布边界多边形面积与转换为同比例尺下的综合后的分布边界多边形面积之比衡量算法对点群分布范围的保持程度，见式（5.3）。

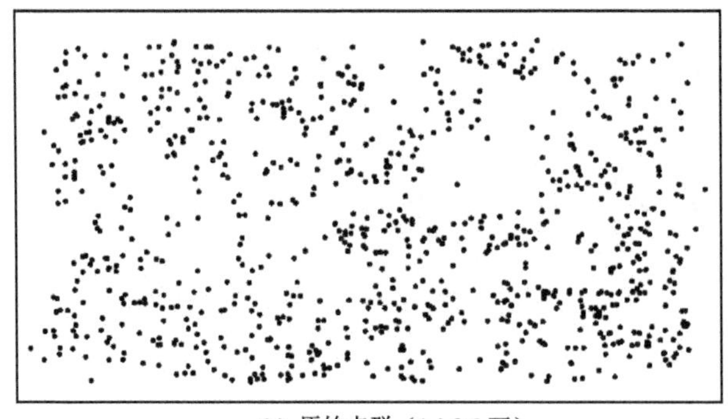

(a) 原始点群（1∶2.5 万）

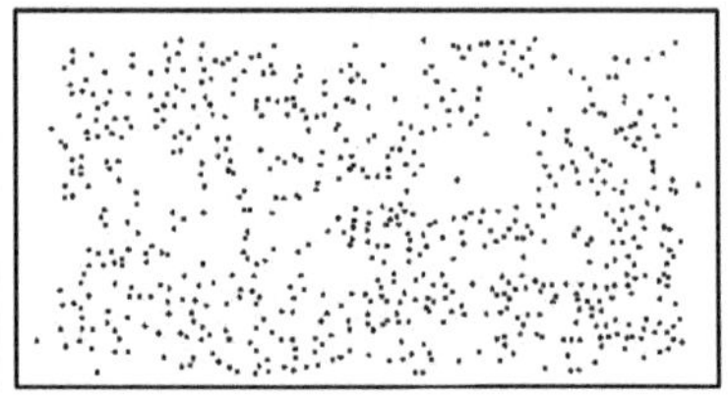

(c) 综合后点群（1∶5 万）

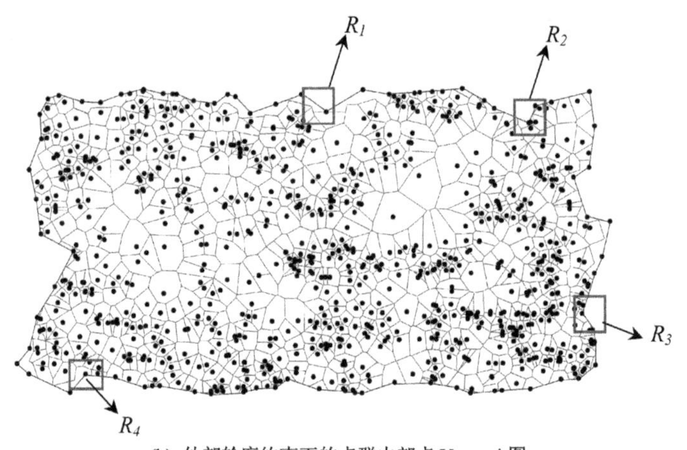

(b) 外部轮廓约束下的点群内部点 Voronoi 图

图 5.12　实验 3：块状分布点群综合实验

$$r_s = \frac{\text{Area}_{\text{original}}}{\left(M_o / M'\right)^2 \text{Area}_{\text{original}}} \tag{5.3}$$

式中，$\text{Area}_{\text{original}}$ 是原始点群分布边界多边形面积，$\text{Area}_{\text{generalized}}$ 是综合后的点群分布边界多边形面积，M_0 表示原始比例尺分母，M'表示目标比例尺分母。

（2）点群分布密度的保持程度：点群综合的整体性要求除了要保持其分布范围，还需要保持其分布密度，点群密集区域综合后仍然相对密集，而点群稀疏区域综合后仍然相对稀疏。算法利用区域相对密度比率来评估综合前后密度的变化，见式（5.4）。

$$r_d = \frac{\sum_{i=0}^{N_0} D_{i\_\text{original}}}{\sum_{i=0}^{N'} D_{i\_\text{original}}} \tag{5.4}$$

其中，r_d 为点群区域相对密度比值，N_o 为原始点群中点的个数，N' 为综合后点群中点的个数，D_{i_original} 为原始点群中 i 点的区域相对密度，$D_{i\_\text{generalized}}$ 为综合后点

群中 i 点的区域相对密度。点的区域相对密度计算如下：

$$D_i = \frac{R_i}{\sum_{k=1}^{n} R_k} \tag{5.5}$$

式中，R_i 是 i 点的区域绝对密度，定义为：

$$R_i = \frac{1}{A_i} \tag{5.6}$$

其中，A_i 为 i 点对应的 Voronoi 多边形面积。

表 5.1 展示了以上 3 种排列方式的点群综合前后分布范围与分布密度保持程度，对比分析发现，算法较好地保持了点群的分布范围及分布密度。

表 5.1　点群综合前后分布范围与分布密度保持程度

实验	分布范围保持程度	分布密度保持程度
实验 1（条带状）	0.9826	1.035
实验 2（环状）	0.9853	0.976
实验 3（块状）	0.9936	1.024

从表 5.1 可以看出，算法对点群分布范围的保持程度较好，由于点群自身所占实际面积较大，所以较小的轮廓变化比值的变化程度较小，例如，在实验 3 中，综合前的点群分布边界多边形面积为 15027289.96，综合后的点群分布边界多边形面积为 15123024.68；同时，点群的局部分布密度保持情况也较好，这就说明，从整体来看，点群的稀疏特征得到了较好的保持，综合前后点群所占领的 Voronoi 图面积区域比率差别不大。这得益于以下几个方面：① 算法将外部轮廓点与内部点分别进行化简，较好地保持了点群的外部轮廓特征；② 基于 Voronoi 图的内部点选取较好地保持了点群的密度及拓扑特征；③ 外部轮廓约束下的内部点化简算法在将内部点与外部轮廓点分别进行化简的同时，没有将其隔离成毫无关系的个体，较好地顾及了点群外部轮廓点对其相邻内部点的约束与影响作用。

5.4　方法总结

对于点群综合过程中遇到的无法衡量其权重信息的点群，为了尽可能地保持其空间分布特征。算法在借鉴已有算法中将外部轮廓点与内部点群分别进行化简的基础上，对内部点群采用外部轮廓约束下的基于 Voronoi 图的化简。算法首先利用 Delaunay 三角剖分与动态阈值“剥皮法”构建了点群的外部轮廓，提取了点群的外部轮廓点，在此基础上采用经典的 Douglas-Peucker 算法对外部轮廓点进行了化简；其次，对点群的内部点以外部轮廓为约束进行了基于 Voronoi 图的选取。算法在对外部轮廓点与内部点分别进行化简的基础上，没有剥离轮廓点与内部点的整体关系，顾及了外部轮廓点对相邻的内部点的影响与制约作用。实验表明，算法在点群综合过程中，能够较好地保持点群的分布范围与分布密度等特征，达到了预期效果。

相比于已有算法，本算法的创新之处在于将外部轮廓点与内部点分别进行化简的同时顾及了点群作为一个整体其外部轮廓点与内部点的相互作用，在此基础上提出了外部轮廓约束下的点群内部点选取方法，在最大程度保持点群轮廓与分布特征的同时，顾及了两类点群之间的相互影响与制约。

5.5　小结

本章对保持点群几何结构特征保持的综合算法进行了描述。主要包括以下内容：

（1）对 Delaunay 三角剖分及动态阈值“剥皮”法支持下的点群的外部轮廓提取过程进行了描述。

（2）提出并描述了外部轮廓约束下的内部点的基于 Voronoi 图的化简算法。

（3）利用经典的 Douglas-Peucker 算法对外部轮廓点进行了化简。

（4）最后，通过实验验证了本算法的可行性及有效性。

第 6 章　主要结论及研究展望

本书以大数据相关获取及处理技术、脉冲耦合神经网络、网络加权 Voronoi 图、Delaunay 三角剖分及动态阈值“剥皮法”等基本原理和相关算法为理论依据和技术手段，对地图上按照语义信息划分的三种类型点群综合算法给予了系统探究，并在此基础上分别实现了针对三类点群的顾及权重信息的综合算法。

本书的研究成果和主要创新点可以归纳为以下 3 个方面：

（1）在系统研究点群权重影响因子的基础上，提出了点群影响范围与影响人群支持下的高现势性点群综合算法，克服了已有算法中点群权重确定缺乏更加科学合理的依据的缺陷，同时使得综合算法更具现势指导意义。

① 通过分析研究，提出将点群实际影响范围与影响人群作为点群权重衡量的基本依据，用点群实际影响范围替代了已有算法代表点群影响区域的 Voronoi 图及加权 Voronoi 图，为点群的权重信息提供了更加合理科学的参考；除此之外，点群影响人群数量的介入丰富了点群的语义信息，同时为点群判断提供了更为全面的依据，弥补了已有相关算法只顾及点群辐射范围而忽略服务人群的缺陷；

② 通过获取并处理新浪微博签到数据得到了点群影响范围多边形与影响人群数量。这使得点群的权重计算更加科学合理且具有准实时特征。除此之外，点群的影响范围与影响人群的构建及可视化方法可以应用于其他诸如商业区的选址、城市规划等相关领域；

③ 提出了“同心圆”法，解决了影响范围与影响人群共同作用下的点群选取问题，利用几何理论简单、直观地解决了多因素影响下的点群综合决策问题。

（2）通过改进的 PCNN 模型实现了网络加权 Voronoi 图的构建，并在此基础上实现了基于网络加权 Voronoi 图的点群综合算法，克服了已有算法在点群综合过程中没有顾及其相关联的道路网对点群的影响与约束作用的缺陷。

① 利用 PCNN 的并发特性与自动波传输特性，在对 PCNN 进行改进的基础上实现了网络加权 Voronoi 图的构建，克服了基于 Voronoi 图算法中点群之间通过直线距离相连的缺陷，同时，在网络加权 Voronoi 图构建过程中顾及了关联道路网对点群权重的影响作用；

② 利用带约束的 Delaunay 三角剖分与动态阈值“剥皮法”实现了网络 Voronoi 多边形的构建，其中，将每个点的扩展路径总长度及其对应的网络 Voronoi 多边形面积作为衡量点群权重的依据，实现了第 2 类点群的综合。

（3）提出了点群轮廓点与内部点分别进行化简的新算法，综合过程中最大程度地保持了点群的分布范围与几何结构特征。

① 利用 Delaunay 三角剖分与动态阈值“剥皮法”实现了点群分布边界多边形的构建及点群外部轮廓点的提取，在此基础上利用 Douglas-Peucker 算法实现了点群轮廓点的化简；

② 利用外部轮廓约束下的内部点 Voronoi 图，实现了点群内部点的化简，在保持点群空间几何特征与拓扑特征的基础上，顾及了点群外部轮廓对其相邻接的内部点的影响作用。

算法虽然较好地解决了各种类型点群数据的综合问题，但仍然存在以下两点不足，这也是进一步研究的方向与重点：

（1）受数据获取难易程度和隐私性等的限制，算法中用于研究点群影响范围与影响人群的新浪微博签到数据不够全面，无法准确地反映点群的到访人群及其辐射范围。随着大数据获取及处理技术的进一步发展，数据隐私保护及共享性机制的进一步完善，更加精确可靠的大数据的引入必然使得算法更加具有实时参考价值。

（2）在加权 Voronoi 图的构建过程中，顾及了点群等级属性、道路网等级与方向属性，但影响点群重要程度的还有其他因素，诸如点群所在道路网的通达性、人流量、车流量及其他历史、经济等因素，后期将对这些因素进行分析与总结，并对其各自的贡献程度进行度量，有望在此基础上实现更能反映实际特征的网络加权 Voronoi 图，更好地为制图综合及相关领域提供参考。

参考文献

Ahuja N, Narendra. 1982. *Dot Pattern Processing Using Voronoi Neighborhood. Pattern Analysis and Machine Intelligence*, IEEE Transactions on, PAMI-4(3): 336-343.

Ahuja N, Tuceryan M. 1989. *Extraction of early perceptual structure in dot patterns: Integrating region, boundary, and component gestalt.* Computer Visions Graphics & Image Processing, 48(3): 304-356.

Anderas Schlegel, R. Weibel. 1995. *Extending a General-Purpose GIS for Computer-Assisted Generalization.* Proceedings of 17th International Cartographic Conference, Barcelona, Spain, 2211-2220

Ruas A. 1998. *A method for building displacement in automated map generalization.* International Journal of Geographical Information Systems, 12(8): 789-803.

Ruas A, Plazanet C. 1996. *Strategies for Automated Generalization.* Proceedings of the 7th International Symposium on Spatial Data Handling, Adances in GIS Research II, Delft, The Netherlands, 319-336.

Ruas A, Lagrange J. P. 1995. *Data and Knowledge Modelling for Generalization.* GIS and Generalization: Methodology and Practice, London: Taylor & Francis, 85-99.

Bereuter P, Weibel R. 2010. *Generalisation of point data for mobile devices: A problem-oriented approach.* International Cartographic Association. Proceedings of the 13th ICA Workshop on Progress in Generalisation and Multiple Representation. Bern: ICA Publications.

Bjørke J. 1996. *Framework for entroy-based map evaluation.* Cartography and Geographic Information Systems, 23(2): 78-95.

Brazile F L. 2002. *Semantic Infrastructure and Method to Support Quality Evaluation in Cartographic Generalization.* Ph.D Dissertation, Department of Geography, University of Zürich.

Chen J. 1999. *A raster-based method for computing Voronoi diagrams of spatial objects using dynamic distance transformation.* International Journal of Geographical Information Systems, 13(3): 209-225.

Mark de Berg, et al. 2004. *On simplifying Dot Map.* Computational Geometry-Theory and Applications, 27(1): 43-62.

Ding C ; He X F. 2002. *Cluster merging and splitting in hierarchical clustering algorithms.* Proceedings of the 2002 IEEE International Conference on Data Mining, Maebashi City Japan, 139–146.

D. Lee. 1995. *Experiment on Formalizing the Generalization.* GIS and Generalization: Methodology and Practice, London: Taylor & Francis, 219-234

Douglas D.H., Peucker T.K. 1973. *Algorithms for the reduction of the number of points required to represent a digitised line or its caricature.* Canadian Cartographer, 10: 112–122.

Eckhorn R., Reitboeck H. J., Arndt M. et al. 1989. *A neural network for feature linking via synchronous activity: Result from cat visual cortex and from simulation.* In Models of Brain Function, Cambridge, U.K.: Cambridge University Press,

Gold C M. The Meaning of "Neighbour". 1992. *Theories & Methods of Spatio-temporal Reasoning in Geographic Space.* International Conference Gis-from Space to Territory: Theories & Methods of Spatio-temporal Reasoning, Pisa Italy.

Gold C. 1991. *Problems with handling spatial data-the Voronoi approach.* CISM Journal, 45(1): 65-80.

H. B. Qi. 2009. *Detection and Generalization of Changes in Settlements for Automated Digital Map Updating.* Ph.D Dissertation, Department of Land Surveying and Geo-Informatics, The Hong Kong Polytechnic University.

Heitzler M, et al. 2017. *GPU-Accelerated Rendering Methods to Visually Analyze Large-Scale Disaster Simulation Data.* Journal of Geovisualization and Spatial Analysis, 1(1-2): 3.

Hu Y, et al. 2015. *Extracting and Understanding Urban Areas of Interest Using Geotagged Photos.* Computers, Environment and Urban Systems, 54: 240-254.

J. H. Haunert. 2008. *Aggregation in Map Generalization by Combinatorial Optimization.* Ph.D Dissertation, Leibniz University of Hannover.

Johnson L., Padgett, M.L. 1999. *PCNN models and applications.* IEEE Transaction on Neural Networks, 10(3): 480-498.

Johnson L., Ranganath H., Kuntimad G. et al. 1998. *Pulse-coupled Neural networks.* In Neural Networks and Pattern Recognition, San Diego, CA: Academic.

J. P. Lagrange. 1997. *Analysis of Constraints and of Their Relationship with Generalization Process Management.* ICA Generalization working group web server, Gaevle Sweden.

K. S. Shea, R. B. Mc Master. 1989. *Cartographic Generalization in a Digital Environment: When and How to Generalize.* Proceedings of 9th International Symposium on Computer-Assisted Cartography, Baltimore, Maryland, 56-67

Langran C, Poicker T. 1986. *Integration of name selection and name placement.* In: Proceeding of 2nd International Symposium on Spatial Data Handling, Washington USA, 50-64.

Lindblda T., Kinser R, J.M. 2005. *Image processing using pulse-coupled neural networks. Seconded.* New York: Springer press.

Li Xiaojun, Ma Yide, Feng Xiaowen. 2012. *Self-adaptive Autowave Pulse-coupled Neural Network for Shortest-path Problem.* Neurocomputing. 115: 63-71.

Li Zhilin. 2007. *Algorithm Foundation of Multi-scale Spatial Representation.* Bacon Raton: CRC

Press.

Li Zhilin, Huang Peizhi. 2002. *Quanlitative Measures for spatial Information of Maps.* International Journal of Geographical Information Systems, 16(7): 699-7.

Martin E, Kriegel H P. 1996. *A density-based algorithm for discovering clusters in large spatial databases with noise (KDD-96).* Proceedings of the Second International Conference on Knowledge Discovery and Data Mining, AAAI Press. 226–231.

McMaster. 1987. *Automated Line generalization.* Cartographica, 24(2): 74-111.

M. Galanda. 2003. *Automated Polygon Generalization in a Multi Agent System.* Ph.D Dissertation, Department of Geography, University of Zürich.

M. K. Beard. 1991. *Constraints on Rule Formation.* Buttenfield B.P., Mc Master R.B., (eds), Map Generalization: Making Rules for Knowledge Representation, Longman Scientific & Technical, London, 121-135.

Neumann J. 1994. *The topological information content of a map: An attempt at a rehabilitation of information theory in cartography.* Cartographica, 31(1): 26-34.

N. Jabeur. 2006. *A Multi-Agent System for On-the-fly Web Map Generation and Spatial Conflict Resolution.* Ph.D Dissertation, University LAVAL, Qubec, Canada.

Okabe A., Boots B., Sugihara K. 1992. *Spatial Tessellations Concepts and Application of Voronoi Diagram.* New York: John Wiley & Sons.

Okabe, A., Okunuki, K. I. 2001. *A computational method for estimating the demand of retail stores on a street network and its implementation in GIS.* Transactions in GIS.

Okabe A., Satoh T, Furuta T, et al. 2008. *Generalization network Voronoi diagrams: Concepts, computational methods, and applications.* International Journal of Geographical Information Science, 22(9): 965-994.

Okabe, A., Suzuki, A. 1997. *Locational optimization problems solved through Voronoi diagrams.* European Journal of Operational Research, 98(3), 445–456.

Ratcliffe, J. H. 2002. *Aoristic signatures and the spatio-temporal analysis of high volume crime patterns.* Journal of Quantitative Criminology, 18(1), 23–43.

Rieger M K, Coulson M R.C. 1993. *Consensus or confusion: cartographers' knowledge of generalization.* Cartographica: The international Journal for Geographic information and Geovisualization, 30(2): 69-80.

R. Weibel. 1996. *A Typology of Constraints to Line Simplification.* Advances in GIS Research II, Delft the Netherlands, 9A.1-14

R. Weibel, G. H. Dutton. 1998. *Constraints-based Automated Map Generalization.* In: Proceedings of the 8th International Symposium on Spatial Data Handling, Vancouver, BC, Canada, 214-224.

SanderJ, Qin X J, Lu Z Y, Niu N, Kovarsky A. 2003. *Automatic extraction of clusters from hierarchical clustering representations.* In Proceedings of the Pacific-Asia Conference on Knowledge Discovery and Data Mining, Seoul Korea, Springer: Berlin Heidelberg, Germany, Volume 26, pp. 75–87.

Shea K S. 1991. *Design considerations for an artificially intelligent system.* In: Map Generalization: Making rules for knowledge representation. London: Longman.

Sprenger T C, Brunella R, Gross M H. 2000. *A Hierarchical Visual Clustering Method Using Implicit Surfaces*, 61-68.

Sukhov V. 1967. *Information capacity of a map entropy*. Geodesy and Aerophotography, 10(4): 212-215.

Tang M, et al. 2009. *Discovery of Migration Habitats and Routes of Wild Bird Species by Clustering and Association Analysis*. International Conference on Advanced Data Mining and Applications, Beijing, China.

Topfer. 1982. *Generalization.* Beijing: Surveying and Mapping Press.

Topfer F, Pillewizer W. 1996. *The Principle of Selection.* The cartographic Journal, 3(1): 10-16.

Van Kreveld M., Van Oosterum R, Snoeyink J. 1995. *Efficient settlement selection for interactive display*. In: Proceeding of Auto Carto 12, Bethesda Md. 287-296.

W. A. Mackaness. 1994. *Knowledge of the Synergy of Generalization Operators in Automated Map Design*. In Proceedings of the 6th Canadian Conference on Geographic Information Systems, Ottawa, Canada, 525-536

Wilks, S.S. 1938. *Shortest average confidence in tervals from large sample*. Annal Mathematics Statatistics. 166–175.

Xie, Z., & Yan, J. 2008. *Kernel density estimation of traffic accidents in a network space*. Computers, Environment and Urban Systems, 32(5): 396–406.

Xiaoyang, Wangde, Fangjia. 2019. *Exploring the disparities in park access through mobile phone data: Evidence from Shanghai, China*. Landscape and Urban Planning, 181: 80-91.

Yan H W, Li, J. 2013. *An approach to simplifying point features on maps using the multiplicative weighted Voronoi diagram*. Journal of Spatial Science. 58, 291–304.

Yan H W, Weibel. R. 2008.*An algorithm for point cluster generalization based on the Voronoi diagram*. Computers and GeoSciences, 34(8): 939-954.

Yukio S. 1997. *Cluster perception in the distribution of point objects*. Cartographica, 34(1): 49-61.

Zlokazov V. B. 2014. *Confidence interval optimization for testing hypotheses under data with low statistics*. Computer Physics Communications, 185(3): 933-938.

艾廷华, 刘耀林. 2002. 保持空间分布特征的群点化简方法. 测绘学报, (02): 175-181.

艾廷华, 禹文豪. 2013. 水流扩展思想的网络空间 Voronoi 图生成. 测绘学报, 42(5).

艾廷华. 2016. 大数据驱动下的地图学发展. 测绘地理信息, (2): 1-7.

蔡永香，郭庆胜. 2008. 基于 Kohonen 网络的点群综合研究. 地球空间信息科学学报(英文版), 11(3): 626-629.
程博艳. 2014. 基于神经网络的地图建筑物要素智能综合研究.电子科技大学博士学位论文.
陈军. 2002. Voronoi 动态空间数据模型. 北京：测绘出版社.
陈新建. 1989. 浅析地理学与地图学的关系. 开封教育学院学报，(3): 49-51.
陈智，梁娟，谢兵，傅篱. 2016. 新浪微博数据爬取研究. 物联网技术, (12): 60-63.
邓红艳，武芳，钱海忠等. 2003. 基于遗传算法的点群目标选取模型. 中国图象图形学报，8(8): 970-976.
董伟，张静，赵英豪. 2011. 高阶 Voronoi 图在超市选址定位研究中的应用. 石家庄学院学报, 13(6): 68-71.
段宗涛，陈志明，陈柘等. 2017. 基于 Spark 平台城市出租车乘客出行特征分析. 计算机系统应用, 26(3): 37-43.
范昕，彭泽群，龚健等. 2013. 基于加权 Voronoi 图的湖北省城市影响范围分析. 湖北民族学院学报(自科版), 31(4): 478-480.
高三营，闫浩文，陈静静等. 2008. 基于圆增长特征的点状要素群选取算法. 测绘工程，17(6): 20-23.
谷岩岩，焦利民，董婷等. 2018. 基于多源数据的城市功能区识别及相互作用分析. 武汉大学学报(信息科学版), 43(7): 1113-1121.
郭立帅. 2013. POI 简化并行计算方法研究. 南京师范大学硕士学位论文.
郭庆胜. 1999. 地图自动综合问题的分解和基本算子集合. 武汉大学学报(信息科学版), 24(2): 149-153.
郭仁忠. 2000. 空间分析. 武汉：武汉测绘科技大学出版社.
韩华瑞. 2017. 基于新浪微博签到的`京津冀城市群居民活动时空特征及范围划界初探. 武汉大学硕士学位论文.
何海威. 2015. 顾及层次结构和空间冲突的道路网选取与化简方法研究. 信息工程大学硕士学位论文.
黄翌，汪云甲，胡召玲等. 2013. 考虑图形关系的中心服务范围确定. 武汉大学学报(信息科学版), (1): 105-108.
黄远林. 2012. 地图图形综合指标体系框架与图形结构识别研究. 武汉大学博士学位论文.
康顺. 2014. 层次 Voronoi 图及其初步应用. 昆明理工大学硕士学位论文.
Kurt Koffk 著，黎伟译. 1997. 格式塔心理学原理. 杭州：浙江教育出版社,
李光强，邓敏，朱建军. 2008. 基于 Voronoi 图的空间关联规则挖掘方法研究. 武汉大学学报(信息科学版), 33(12): 1242-1245.
李佳田，康顺，罗富丽. 2014. 利用层次 Voronoi 图进行点群综合. 测绘学报, 43(12): 1300-1306.

李圣权，胡鹏，闫卫阳. 2004. 基于加权Voronoi图的城市影响范围划分. 武汉大学学报(工学版), 37(1): 94-97.
李卫民，李同昇，武鹏. 2018. 基于引力模型与加权 Voronoi 图的农村居民点布局优化——以西安市相桥街道为例. 中国农业资源与区划, 39(1): 77-82.
李玉龙，朱华华. 2007. 应用 Voronoi 图的点群范围自动识别. 工程图学学报, 28(3): 73-77.
李震岳. 2012. 中等城市公共服务设施规划布局研究. 北京建筑工程学院硕士学位论文.
李志林. 2005. 地理空间数据处理的尺度理论. 地理信息世界, 3(2): 1-5.
李志林，王继成，谭诗腾，徐柱. 2018. 地理信息科学中尺度问题的 30 年研究现状. 武汉大学学报(信息科学版), 43(12): 2233-2242.
梁林，赵玉帛，刘兵. 2019. 京津冀城市间人口流动网络研究——基于腾讯位置大数据分析. 西北人口, 40(1): 20-28.
刘经南，方媛，郭迟等. 2014. 位置大数据的分析处理研究进展. 武汉大学学报(信息科学版), 39(4): 379-385.
卢敏，苑振宇，王结臣等. 2018. 基于 Voronoi 图的市场域分析研究—以南京苏果超市为例. 科技通报, 34(7): 64-69.
禄小敏，闫浩文，王中辉等. 2015. 基于约束 Delaunay 三角网的线，面群目标分布边界计算. 测绘工程, 24(5): 37-41.
马耀峰，胡文亮，张安定等. 2004. 地图学原理. 北京：科学出版社.
钱海忠，武芳，邓红艳. 2005. 基于 CIRCLE 特征变换的点群选取算法. 测绘科学, 30(3): 83-85.
钱海忠，武芳，谢鹏等. 2006. 基于 CIRCLE 特征变换的点群选取改进算法. 测绘科学, 31(5): 69-70.
齐清文，刘岳. 1998. GIS 环境下面向地理特征的制图概括的理论和方法. 地理学报, 187(4): 303-313.
邵晓康. 2016. Apriori 算法研究及在本科招生数据挖掘中应用. 北京交通大学硕士学位论文.
石光辉. 2017. 利用微博签到数据分析职住平衡与通勤特征. 武汉大学硕士学位论文.
孙慧玲. 2008. 取定统计量下的最优置信区间分析. 华中师范大学硕士学位论文.
孙庆先，李茂堂，路京选等. 2007. 地理空间数据的尺度问题及其研究进展. 地理与地理信息科学, 23(4).
童晓冲，贲进，张永生. 2006. 基于二十面体剖分格网的球面实体表达与 Voronoi 图生成. 武汉大学学报(信息科学版), 31(11): 966-970.
童晓冲，贲进，张永生. 2006. 不同集合的球面矢量 Voronoi 图生成算法. 测绘学报, 35(1): 83-89.
涂伟，李清泉，方志祥. 2014. 基于网络 Voronoi 图的大规模多仓库物流配送路径优化. 测绘学报, 43(10): 1075-1082.
王家耀. 2008. 空间数据自动综合研究进展及趋势分析. 测绘科学技术学报, 25(1): 1-7.

王家耀，李志林，武芳. 2011. 数字地图综合进展. 北京：科学出版社.
王文宇. 2004. 移动位置服务. 电信建设, (6): 40-46.
王新生，郭庆胜，姜友华. 2000. 一种用于界定经济客体空间影响范围的方法—Voronoi 图. 地理研究, 19(3): 311-315.
王新生，余瑞林，姜友华. 2008. 基于道路网络的商业网点市场域分析. 地理研究, 27(1): 85-92.
王宇. 2018. 基于公共交通大数据的上海市居民出行时空特征研究. 山东师范大学硕士学位论文.
武芳，巩现勇，杜佳威. 2017. 地图制图综合回顾与前望，测绘学报, 46(10): 1645-1664.
毋河海. 1997. 凸壳原理在点群目标综合中的应用. 测绘工程, (1): 1-6.
邬群勇，张良盼，吴祖飞. 2018. 利用出租车轨迹数据识别城市功能区. 测绘科学技术学报, 35(4): 413-424.
邬群勇，邹智杰，邱端昇等. 2018. 结合出租车轨迹数据的城市道路拥堵时空分析. 福州大学学报(自然科学版), 46(05): 127-134.
谢顺平，冯学智，都金康. 2011. 基于网络 Voronoi 图启发式和群智能的最大覆盖空间优化. 测绘学报, 40(6): 778-784.
谢顺平，冯学智，王结臣等. 2009. 基于网络加权 Voronoi 图分析的南京市商业中心辐射域研究. 地理学报, 64(12): 1467-1476.
熊丽芳. 2014. 长三角城市群居民活动时空间特征及范围划界研究. 南京大学硕士学位论文.
杨敏，艾廷华，周启. 2014. 顾及道路目标 Stroke 特征保持的路网自动综合方法. 测绘学报, 42(4): 581 -587.
杨正泽，赵鹏，张迦南. 2016. 基于改进 Voronoi 图研究高速铁路对区域中心城市辐射域影响的方法. 中国铁道科学, 37(3).
游雄. 1992. 视觉感知对制图综合的作用. 测绘学报, (3): 224-232.
闫浩文，郭仁忠. 2003. 基于 Voronoi 图的空间方向关系形式化描述模型. 武汉大学学报(信息科学版), 28(4): 468-471.
闫浩文，王家耀. 2009. 地图群(组)目标描述与自动综合. 北京：科学出版社.
闫浩文，王邦松. 2013. 地图点群综合的加权 Voronoi 算法.武汉大学学报（信息科学版), 9: 018.
应申，李霖，王明常，等. 2005. 计算几何在地图综合中的应用. 测绘科学, 30(3): 64-66.
于艳平. 2012.面向移动地图表达的 POI 动态综合方法研究.南京师范大学硕士学位论文.
于海慧. 2015.基于 PCNN 的图像融合方法的研究.华北电力大学硕士学位论文.
张俊涛，武芳，张浩. 2015. 利用出租车轨迹数据挖掘城市居民出行特征.地理与地理信息科学, 31(6): 104-108.
章莉萍. 2009.基于栅格模式的地图图形自动综合研究.武汉大学博士学位论文.
赵仁亮. 2002.基于 Voronoi 图的空间关系计算研究.中南大学博士学位论文.

赵学胜, 陈军, 王金庄. 2002. 基于 O-QTM 的球面 VORONOI 图的生成算法.测绘学报, 31(2): 157-163

周永杰. 2013.LBS 签到服务中隐私关注及影响因素研究.大连海事大学硕士学位论文.

朱渭宁, 马劲松, 黄杏元等. 2004. 基于投影加权 Voronoi 图的 GIS 空间竞争分析模型研究.测绘学报, 33(2): 146-150.

邹亚锋, 刘耀林, 孔雪松等. 2012. 加权 Voronoi 图在农村居民点布局优化中的应用研究.武汉大学学报(信息科学版), 37(5): 560-563.